全球代步工具最前線！

我們乘坐的交通運輸工具每天都在進化，飛天車、民營太空船、調查深海環境的潛艇等，令人大開眼界的代步工具一一實現。
這邊提供彩色影像做參考！

提供／（股）SkyDrive

SkyDrive SD-XX

▲最高時速 100 公里，可飛 20 ～ 30 分鐘，兩人座。

SkyDrive SD-03

影像提供／（股）SkyDrive

飛天車

▲人類積極開發可以在空中飛行的汽車。照片中的「SkyDrive SD-03」同時轉動 8 個電動旋翼，可飛行 5 ～ 10 分鐘。預計 2025 年度可實現。

相關文章 p.32

影像提供／株式會社小松製作所

無人駕駛車

▲使用 GPS，具有自動行走功能的巨型重機械，是外國礦場的好幫手。

相關文章 p.45

影像提供／現代汽車株式會社

行走車

◀汽車製造商「現代汽車」正在開發可用四腳行走、遇到曠野荒地也不怕的汽車。

九州七星號列車

鐵道

SEVEN STARS IN KYUSHU

豪華觀光臥鋪列車

相關文章 p.89

▲環遊九州各地的豪華觀光臥鋪列車，總共有 14 間臥鋪，全是套房式設計。在極致舒適的空間中，享受九州的飲食、文化與歷史，十分受歡迎。

影像提供／山中則江

影像來源／ Dominique Garcin-Geoffroy via Wikimedia Commons

影像來源／ Herbert Ortner, Vienna, Austria, via Wikimedia Commons

全球的高速鐵路

▲法國的 TGV 與英國的歐洲之星都是由動力機車來牽引車輛，可高速行駛。

磁浮列車

◀以線性馬達驅動運轉的列車運用磁力使車體浮起，目前正全力開發中，未來將正式上路。

影像提供／松本正敏

飛機

巨型客機

▶全球最大客機「空中巴士A380」，內部為兩層結構，座位數相當多。根據航空公司的需求，有些客機內還有吧檯、淋浴間等設施。

空中巴士A380

相關文章 p.154

影像來源／Tino "Scorpi" Keitel, Bearbeiter: Johann H. Addicks jha, via Wikimedia Commons

太空船

獵鷹9號運載火箭

影像提供／杉山真理

影像提供／NASA

天龍號太空船

相關文章 p.156

載人太空船

▲「天龍號太空船」是日本太空人野口聰一搭乘過的知名太空船，由美國民間企業 SpaceX（太空探索技術公司）開發而成。

商業太空船

▶為了實現全球首次搭載一般民間人士的太空旅行，美國的太空旅遊公司「維珍銀河」正全力開發並測試商業太空船。此外，太空旅行的費用約為一人 1200 萬台幣。

相關文章 p.156

影像提供／時事通信社維珍銀河

深海6500

相關文章 p.194

載人潛水調查船

▲可下潛至超過 6500 公尺深海的日本載人潛水調查船，自從 1989 年成功下水之後，已執行超過 1500 次調查任務。不只潛入日本深海，也深入全世界海域，調查海底地形與深海生物。

影像提供／日本海洋研究開發機構（JAMSTEC）

深海6500的內部

影像提供／日本海洋研究開發機構（JAMSTEC）

影像提供／株式會社商船三井

風力挑戰者專案

相關文章 p.168

有帆的大型貨船

▲「風力挑戰者專案（Wind Challenger Project）」的目的在於開發出能夠揚起大帆，利用風力往前進的大型貨船，可大幅減少溫室氣體排放，實踐環保概念，目前正朝可實現的方向發展研究。

影像提供／日本海洋研究開發機構（JAMSTEC/IODP）

地球號

相關文章 p.181

地球深處探測船

▲「地球深處探測船」可以挖掘海底，調查地層和地質等地球內部資訊。調查深海的海底樣貌，有助於幫助人類解開大地震和生命之謎，這就是這艘探測船的開發目的。

哆啦A夢科學任意門

DORAEMON SCIENCE WORLD

交通工具未來號

哆啦A夢科學任意門

交通工具未來號

目錄

刊頭彩頁
全球代步工具最前線！

關於這本書

汽車①
漫畫 迷你駕訓班……6
汽車的發明與進化……16
高速公路速限的祕密……20

汽車②
漫畫 神奇汽車……22
更加進化的汽車先進技術……30

汽車③
漫畫 搭交通工具鞋兜風去……34
最新汽車與未來技術……42

滑翔機
漫畫 兒童用滑翔翼……104
乘風飛翔的「滑翔機」歷史……114
無動力飛行的滑翔機構造……115
以滑翔方式飛行的其他滑翔裝置……117

螺旋槳飛機
直升機
飛行船
漫畫 羽毛飛機……119
螺旋槳飛機的誕生與飛機的進化……126
直升機的發明來自竹蜻蜓……128
飛行船以空氣為錨，控制飛行姿勢……130

噴射機
火箭
漫畫 大雄的太空梭……131
讓飛機飛行的四種力……151
大型客機的內部如何規劃？……152
讓客機飛行的噴射引擎……154
火箭對抗重力，飛上外太空……155

帆船
遊艇
漫畫 防水摺紙……157
船舶自古就負責運送人和貨物……164
大航海時代後，帆船體積越來越大……166

漫畫 **速度提升感護目鏡** …… 46
全球最快的汽車有多快？ …… 57
中國與印度是二輪車生產中心 …… 58
邁入個人移動載具的新時代 …… 60

漫畫 **銀河鐵道之夜** …… 61
鐵道車輛的歷史——從蒸汽到電池動力車 …… 75

漫畫 **我家是藍色特快車** …… 79
有「行走飯店」美譽的臥鋪特急藍色列車 …… 88
以超高速連結日本的新幹線 …… 90
還有更多！其他鐵道相關列車 …… 92

漫畫 **列車粉筆** …… 95
全新高速鐵路「超導磁浮列車」 …… 101

陽光、風與海是未來船舶的動力來源？ …… 168

漫畫 **陸上型小艇** …… 169
好快！好大！動力船發展過程 …… 176
大型貨船支援大眾的生活 …… 178
各種船舶大公開！ …… 180

漫畫 **搭潛水艇航向大海** …… 182
在海底前進的潛水艇是什麼樣的船？ …… 191
靜靜藏在海底的海中忍者「潛艦」 …… 192
載人潛水調查船「深海6500」 …… 194

漫畫 **飛天快遞標籤** …… 196
改變城市生活的新交通與運輸系統 …… 201
次世代移動服務打造新市鎮 …… 202

後記
最希望像哆啦A夢戴上竹蜻蜓，一個人在空中自由翱翔 ●的川泰宣 …… 204

關於這本書

《哆啦A夢科學任意門：交通工具未來號》是一本可以一邊閱讀哆啦A夢漫畫，一邊學習各種交通工具的歷史、發展歷程、以及最新技術如何改變交通工具並介紹廣泛知識的書籍。

如今全世界都在關注的新交通系統，美國的SpaceX（太空探索技術公司）成功利用天龍號太空船，成為首次載人進行太空飛行的民間企業。未來是一般民眾都能從事太空旅行的時代，等到各位長大成人後，說不定日本也建設了太空旅行專屬的發射站和太空站。

不僅如此，汽車也開啟了自動駕駛功能。日本汽車製造商本田汽車，在二〇二〇年推出搭載等級三自動駕駛系統的汽車。等級三雖然是有條件的自動駕駛等級，但是由系統自動駕駛的創舉，對汽車業界來說仍是踏出了一大步。

在空域方面，SkyDrive公司預計在二〇二三年之前展開飛天車事業；飛天計程車將在二〇二五年世界博覽會（於大阪關西）亮相。

在鐵道方面，串連東京和名古屋的線性馬達列車「磁浮中央新幹線」的工程也在進行中。

前所未有的代步工具和交通系統已陸續誕生。

等到各位長大成人後，上述交通工具應該已經實際上路了，或許還會發展出新的系統。現在閱讀本書、未來將成為社會棟梁的各位，可能就是發明先進運輸工具，建立新社會的舵手。衷心希望各位懷抱著遠大抱負，想像未來的交通工具，閱讀本書。

※未特別載明的數據資料，皆為二〇二一年一月的資訊。

看到學校後山了。
還可以變成汽艇啊。
漂浮著冰塊的南極啊！
這、這裡是……？
不會吧！

迷你駕訓班

你回來了。
結果
怎麼樣？
咦？
又沒考上，
太好了。
沒考上
有什麼好
的啊？
爸爸
在生什麼
氣啊？
爸爸沒考到
駕照啦！

Q 全球第一輛以汽油驅動的汽車，最高時速是幾公里？①15 ②35 ③55

又沒考上!?真可惜。
這樣才好啊。

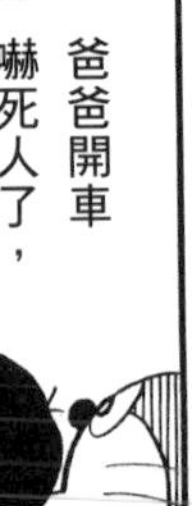
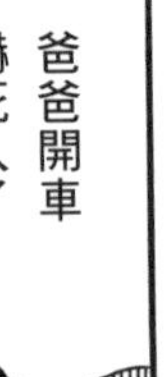

爸爸開車嚇死人了，有誰敢坐啊？
可是，每個人都會想開自己的車去兜風嘛。

為什麼爸爸老是沒考上呢？
技術不好吧。

跟你一樣運動神經不好。
我都遺傳到一些不好的地方！

我先聲明喔，
不是我運動神經不好。

我工作忙，沒時間去駕訓班。
所以才練習不夠。

那你去街上練習嘛。

笨蛋！沒有駕照是不能開車上路的。

在院子裡呢？
車子開不進院子。

A ① 15公里。搭載954cc的水冷單缸引擎。

Q 哪個國家率先製造出汽車用橡膠輪胎？①德國 ②法國 ③英國

※喀喳

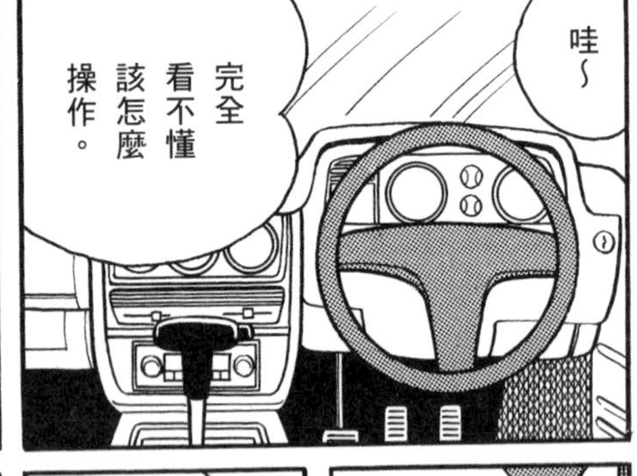

※喀嘎

※踩

A ②法國。一八九五年，米其林兄弟製造出賽車用可充氣橡膠輪胎。

交通工具未來號Q&A

Q 混合動力車是什麼樣的汽車？

①靠電力啟動 ②不會排放廢氣 ③靠兩種動力驅動

A

③靠兩種動力驅動的汽車。以電動馬達搭配燃油引擎的形式供應動力。

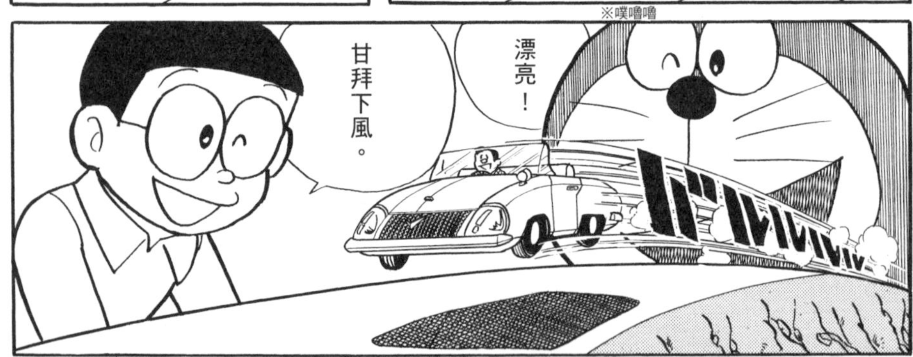

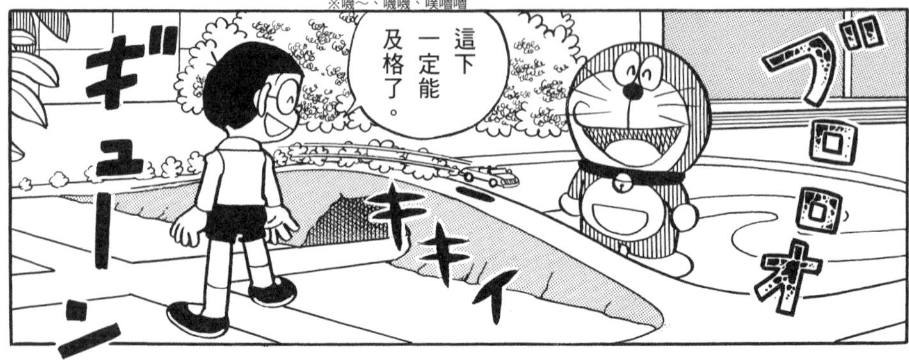

交通工具未來號Q&A

Q 日本哪個地方有一座最長的車用道路隧道？①北海道 ②富山縣 ③東京都

我有信心了。
想去路上開看看。
這樣太危險了！
不要啦，爸爸。
沒關係啦。
這種小玩具不會撞傷人的。
路上小心喔。
ドガチャガ
※劈哩啪啦

A ③東京都。首都高速道路中央環狀線的山手隧道，全長約十八公里。

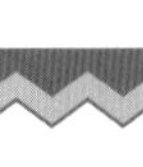

汽車的發明與進化

車輪的發明與輪胎的進化

人類在過去歷史中發明並製造出各式各樣讓生活更加便利的物品。車輪可說是其中歷史最悠久、最重要的發明。有車輪的貨車，最早出現在西元前三千年左右的美索不達米亞（現在的伊拉克）。專家認為，當時的人們為了方便運送農作物等大量物品，才想出這個點子。

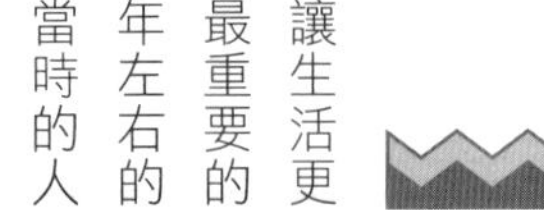

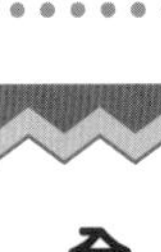

插圖／佐藤諭

▲專家在西元前2700年蘇美地區（現在的伊拉克）的墳墓，發現了車輪馬車的壁畫。

▶最初的車輪是由三片板子組裝而成的，後來出現了鑲嵌鐵輪的輻條型車輪，以及現在普遍使用的橡膠輪胎。

全球與日本的第一輛汽車

以蒸汽機作為動力的汽車，最早於十八世紀問世。一八八六年德國推出的汽油車「賓士專利電機車一號」是現代汽車的起源。日本在一九〇七年推出第一款國產汽油車「太古里號」，製造商是東京自動車製作所。

◀賓士專利電機車一號（一八八六年德國）

影像提供／豐田汽車博物館

▲1936年完成的豐田AA型客車，是日本的第一輛量產汽車。

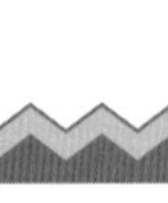

各種客車

引擎排氣量一千立方公分的小型車稱為「小型房車」，全長四點二公尺，狹窄道路也能輕鬆駕駛，通常為五人座。

從外形上能清晰分辨出駕駛與乘客乘坐的人員乘坐室、引擎室與行李艙的四門汽車，稱為「四門轎車」。許多高級房車都推出四門轎車車款，以舒適性和優質乘坐感為最大特色。

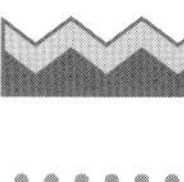

內部有三排座位、六人座以上、車身較高的大型車稱為「多功能休旅車」，由於人員乘坐空間較大，座位較多，很適合大家庭乘坐代步。加上車身較高，可擺放大型行李或物品，用途廣泛。

輕型車指的是全長三點四公尺以下、全寬一點四八公尺以下、全高兩公尺以下、車體較小的車款。操作十分靈巧，適合走小巷子，停車所需空間不大較不會造成困擾。排氣量不到六百六十立方公分的輕型車是日本特有車款，

▲小型房車操作起來十分靈巧，適合日常代步。

▲四門轎車的車內空間很寬敞，坐起來十分舒適。

▲多功能休旅車適合多人乘坐，還能擺放物品。

◀輕型車很省油，讓我們的日常生活更加便利。

其他國家沒有。

SUV是Sport Utility Vehicle的簡稱，中文是「運動型多用途車」。設計成方便載運物品的掀背車，最小離地高度較高，適合在顛簸路面行走，是一款以戶外活動為概念的運動型乘用車。

轎跑車主要是指雙門客車，採低車身的時尚設計，以享受駕駛樂趣為開發目的。而外型如轎跑車，重點放在高速行駛性能的車款，則稱為跑車。

▲SUV 裝載大型輪胎，最小離地高度相當高。

▼具有流線車型的轎跑車是最能享受兜風樂趣的一款汽車。

露營車是設備完善，可以住宿過夜的客車，款式相當多元，包括以輕型車為設計基礎的小型露營車，以及設置廁所、淋浴設備的大型露營車，應有盡有。另有以專用車廂打造的大型車款，或是改造貨車車斗或單廂車型內部的露營車也很多。

▲英文稱為 RV 或 Motorhome。

特別專欄

安裝在客車上的安全駕駛支援系統

幾乎所有現在最新發售的車種，都配備了安全性能，例如利用鏡頭或雷達感測在前方行走的汽車與行人，伺機發出警報或自動踩剎車。還能因應夜間駕駛需求，應付行人突然竄出等緊急狀況，增加行車安全。

插圖／佐藤諭

汽油車與環保車

汽油車是靠以汽油為燃料的引擎提供動力，排放出的廢氣是導致地球暖化的原因之一。

電動車（BEV）是靠電動馬達行駛，不會排放廢氣，震動頻率也很低，行走時十分安靜。不過，缺點是充飽電後可行走的距離比汽油車短。

混合動力車（HEV）搭載燃油引擎與電動馬達，能有效利用動力，達到低油耗的目的，是現在最普遍的環保車。燃料電池車（FCV）利用氫氣和氧氣的化學反應製造電力，靠電力啟動電動馬達，以驅動汽車。只排放水蒸氣，被譽為終極環保車。

插圖／加藤貴夫

空氣
排氣
火星塞
點火
汽油

◀四行程汽油引擎。吸入燃料與空氣，燃燒後排出的氣體促使活塞往復運動，旋轉曲柄。

插圖／佐藤諭

▶低速行駛時由電動馬達驅動，速度加快就切換至汽油引擎的混合動力車PRIUS。

影像提供／豐田汽車

插圖／加藤貴夫

燃料電池車（FCV）
加氫站
空氣（氧氣）
氫氣槽
馬達
燃料電池
水
電力

▶燃料電池車只要補充氫氣就能行駛，建設足夠的加氫站是接下來要解決的課題。

特別事欄

環保柴油車

柴油引擎以柴油為動力來源，雖然省油，但容易排放廢氣，汙染空氣。環保柴油車是基於保護地球開發出來的車款，減少引擎排放的氮氧化物，發揮環保效果。不過，特色是開起來會有喀啦喀啦的噪音。

ガラガラガラガラ

※喀啦喀啦

插圖／佐藤諭

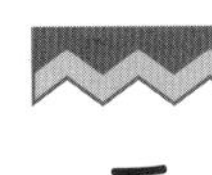

系統交流道與收費站的構思

高速公路的系統交流道是由多條道路交會而成，分支道路呈現弧形連結，讓用路人輕微減速，就能順利上下匝道。目前有各種不同型態的系統交流道。

駕駛接近收費站時必須減速慢行，因此收費站附近車道通常會變多，避免減速的汽車阻塞道路，還能預防追撞事故。

高速公路的匝道與系統交流道的彎道設計，呈現道路外側較高、內側較低的斜面，這樣的設計稱為「超高」。這是為了讓用路人在高速下，也能穩定安全的在彎道上過彎的設計。

▲彎道的路面如果是水平設計，汽車就會受到離心力影響往外側傾。因此一定要設計成斜面，才能維持穩定安全的行車狀態。

各種系統交流道

鑽石型　Y型

苜蓿葉型　喇叭型

接近收費站的汽車分流

◀汽車接近收費站時必須減速，並依序往兩旁擴散，這個方式可讓汽車順利通過收費站，不會堵住車道。

插圖／加藤貴夫

特別專欄

第一條高速公路

全世界第一條高速公路是義大利在 1924 年開通的「Autostrada（汽車高速公路之意）」。日本第一條高速公路則是 1959 年 6 月開通的東京高速公路。這條高速公路經過商店街的屋頂，開通當時全長為 1 公里。

插圖／佐藤諭

高速公路的橋梁與隧道

為了兼顧車速與安全，高速公路上沒有急彎道路，路面筆直平坦。橋梁與隧道是實現此設計的重要結構，只要在河谷上方架設橋梁，就能夠打造沒有上下坡的平坦道路。

遇到山脈等障礙地形時，只要打通隧道，就能鋪設筆直道路，方便用路人穿過障礙地形。建設道路時若是遇到障礙就避開，最後就會蓋出一條彎彎曲曲的道路，增加行車風險。

◀支撐吊裝工法。利用移動式起重機吊掛橋面安裝的造橋方法。

◀懸吊架設工法。先在河的兩岸架設鐵橋，建造橋梁。

插圖／加藤貴夫

特別專欄

高速道路的透水性鋪面

高速公路如果積水，會不利於駕駛人操控方向盤或踩剎車，而且會容易引起追撞或打滑意外。有透水性鋪面的高速道路，遇到下雨天時，雨水就會流入鋪裝中，路面不會積水。

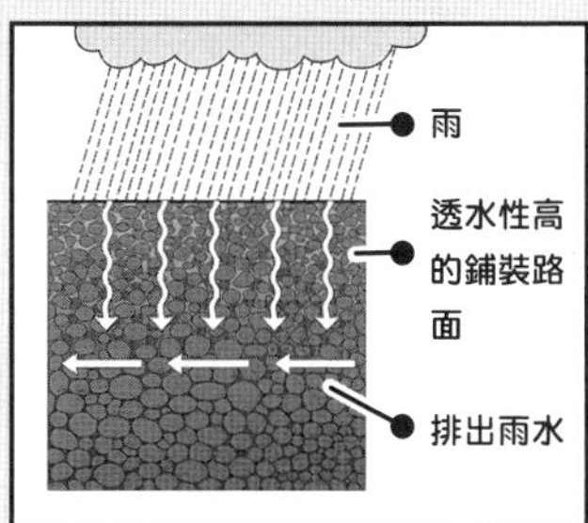

插圖／加藤貴夫

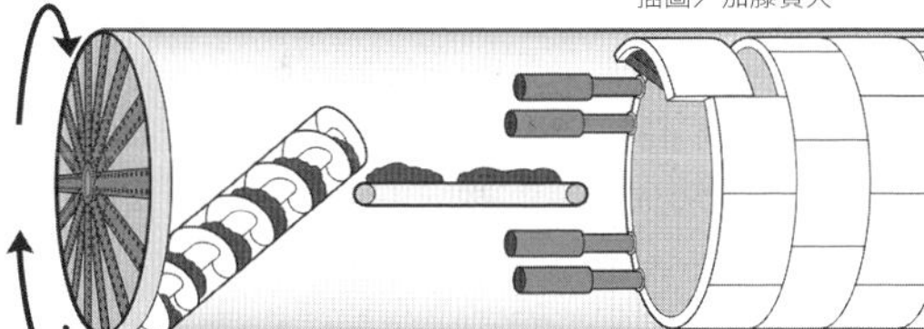

插圖／加藤貴夫

▲利用潛盾機挖掘進隧道的潛盾工法。一方面旋轉前端圓盤挖開土壤，另一方面在內部襯砌塊狀的隧道壁鋼筋混擬土環片。

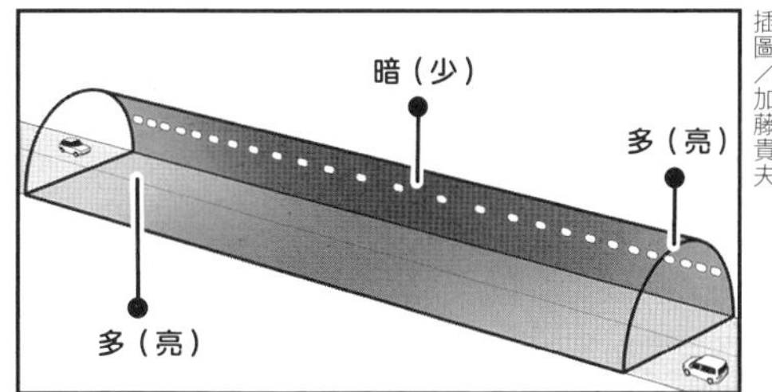

插圖／加藤貴夫

▲為了避免光線明暗的劇烈變化，在隧道出入口設置較多照明，讓用路人在進出隧道時，能夠迅速適應光線變化。

神奇汽車

ぶぶう

※咻
大雄，幫我拿個報紙來好嗎？
來了。

※咻
ぶう

※嘰

※劈哩啪啦

那是什麼啊？

※喔咿喔咿

※噗嚕嚕

交通工具未來號Q&A

Q 世界上哪個國家生產最多汽車？①中國 ②美國 ③日本

A ①中國。中國每年製造約兩千五百七十萬輛汽車，日本約一千萬輛，排名第三（以上為二〇一九年的生產數量）。

Q 卡車與傾卸卡車有何差異？①製造商不同 ②車斗不同 ③大小不同

A ②車斗不同。傾卸卡車可將車斗抬起，一次卸下所有貨物。

看吧，是我贏了。
下次我不會再輸給你了。

我也想玩。
我也要。

都給我滾，讓本大爺先來玩玩。

這東西借我一個月吧！
不可以這樣啦。

※揍

閉嘴！

※咿喔咿喔

來，大家輪流玩吧！

影像提供／五十鈴自動車株式會社

改變工作型態的次世代卡車

為了讓大家的生活更加充實便利，目前正在開發更為安全且有效率執行長途運輸任務的次世代卡車。

「後車無人列隊行駛系統」指的是讓多輛卡車排成一列行駛，且能自動維持適當車距。只有第一輛卡車有人駕駛，後續的車輛皆為無人駕駛。這項新技術目前正在日本公路上進行實際行駛測試，朝可實現的目標邁進。

▲▼五十鈴 FL-IR 是未來的大型卡車，以鯊魚為設計概念。

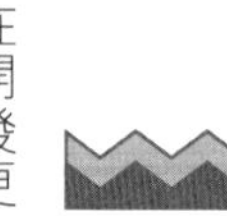

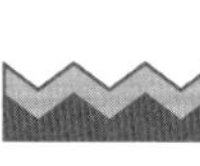

為家庭和公司運送貨物的卡車電動化（EV）也在推動中，不僅不會排放廢氣，行駛時安靜無聲，而且貨艙的離地高度很低，這些都是電動卡車的設計特點。方便上下貨，減輕工作者的負擔。

▼突顯電動車特性的新型態貨運卡車「五十鈴 ELF EV 純電商業車（Walk-through Van）」。

◀無須走下卡車，可直接從駕駛座走入後方貨艙，這種設計令人驚豔。

影像提供／五十鈴自動車株式會社

影像來源／いーばくん via Wikimedia Commons

▲燃料電池公車豐田 SORA，發生天災時還能當臨時電源使用。

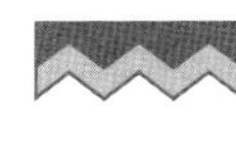

環保又舒適的燃料電池公車

日本的燃料電池公車在二〇一七年春天正式上路，利用氫氣與空氣中的氧氣產生的化學反應發電，驅動電動馬達。燃料電池公車行駛過程中不會排放廢氣，最適合在城市行走，做為大眾交通工具。與傳統的柴油引擎公車相較，燃料電池公車發出的噪音和震動都比較少，乘坐起來十分舒適，而且加速順暢，站著的乘客不會左搖右晃，可以放心搭乘。

公車搭載自動精準停車技術，入站後可停在公車站的固定位置，公車站的月台與公車之間幾無縫隙，方便嬰兒車與輪椅上下車，滿足所有乘客的需求。

特別專欄

日本第一輛國產雙節公車在橫濱奔馳

日本神奈川縣橫濱市交通局主管的橫濱藍色海濱公車（Bayside Blue Yokohama），從 2020 年 7 月起正式上路，雙節車體全長達 18 公尺，是日本國產的第一輛日野 Blue Ribbon 混合動力雙節公車。動力十足的公車悠閒的行駛在橫濱街頭。

◀雙節公車的長度與電車車廂幾乎相同。由於在車尾無法確認車體有多長，因此在公車車尾標示著「全長 18m，超車請注意」等警示字樣。

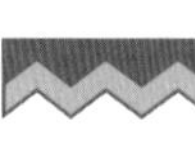

無人駕駛車

在美國、澳洲與南美的礦坑，可以看到輪胎直徑達四公尺、無人駕駛的巨型砂石車來回穿梭。砂石車的積載量為兩百九十七噸，由中央管制室利用無線電的方式，向砂石車指示行走路線與目標，砂石車就能用高精準度的GPS一邊確認位置，一邊朝目標前進。這種車的柴油引擎為發電專用，其電力可啟動位於車輪內的電動馬達，屬於混合動力車。

在農地工作的機械利用GPS執行自動駕駛，不小心遇到障礙物時，安裝在各處的感測器就會啟動，使機械自動停止，無須擔心受損。自動駕駛可以執行高精密度的農務作業。

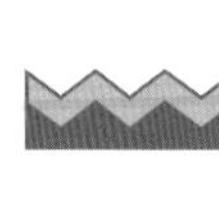

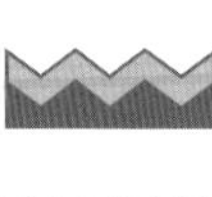

影像提供／小松

◀▶小松 930E 是全世界最大型無人駕駛砂石載用車。利用 P&H 4100 XPC 電鏟將砂石裝載在砂石車車斗裡。

◀久保田 Agri Robo 系列曳引機 MR1000A「無人仕様」。這是利用自動駕駛技術從事各種農務的曳引機。

▶久保田 Agri Robo 系列聯合收割機 WRH1200A「自動駕駛仕樣」。這是利用自動駕駛技術收割穀類的聯合收割機。

影像提供／（株）久保田
※限定於日本販售

在災害現場救災的消防救助機動部隊

日本的消防救助機動部隊（Hyper Rescue）是為了因應一般消防隊無法應付的嚴峻火災與災害而設立，部隊裡有各種特殊車輛。

曲折雲梯消防車搭載離地最高二十二公尺的消防水槍，還有滅火藥劑槽，可噴射泡沫滅火。

無人消防車「Dragon」可透過遙控器遠距操控，配備高畫質相機，拍下現場畫面後傳回控制室，消防員無須冒險進入危險現場也能順利滅火。

特殊災害對策車是專為因應放射性物質、細菌與化學物質等災害而製造的車輛，車身覆蓋著鉛板與水槽，可避免放射線（輻射）危害。

特殊救護車「Super Ambulance」只要將車身左右展開，即可變出八張救護床，瞬間搭建出臨時救護所，最適合使用在出現大量傷患的災害與事故現場。

▼▶曲折雲梯消防車。可以從22公尺高的地方有效滅火，適合因應高樓大火。

▶無人消防車「Dragon」。滅火能力比消防員使用的水槍高出十倍。

影像提供／日本東京消防廳

▼特殊災害對策車（大型）。待在車內就能分析車外的空氣成分。

▼特殊救護車「Super Ambulance」。可搭建出臨時救護所。

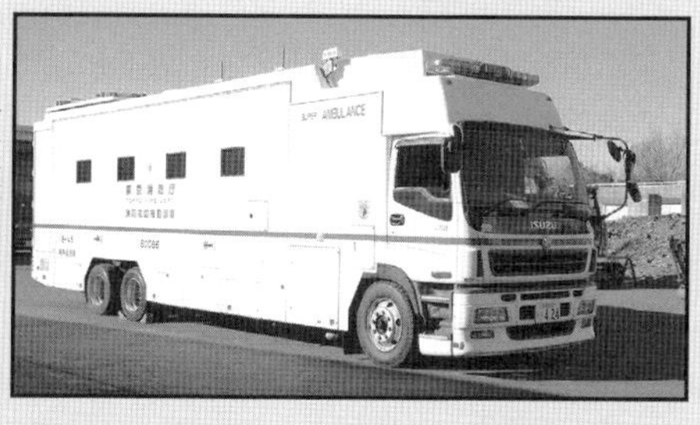

影像提供／日本東京消防廳

搭交通工具鞋兜風去

要不要坐小吉哥的車去高井山兜風啊？

哇，好耶！
一起去吧！
可是那輛車只能再坐兩個人。

春天山上的景色很漂亮喔！
咘！
我才不希罕跟你們去呢！

我好想去兜風喔！

那就去吧。

「交通工具鞋。」

好怪的鞋子。
它可以變成各種交通工具喔！

※喀嗒

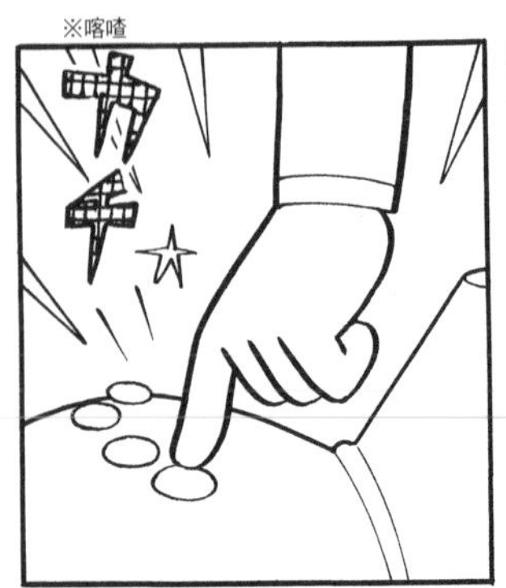

呀呼~追過他們了。
※咻

ブリロロオー

快超過他們啊！
※飆

我不會輸給你們的。

ビュウ
耶！

可是，我不甘心嘛！
沒關係、沒關係。

等一下。
速度太快，很危險！

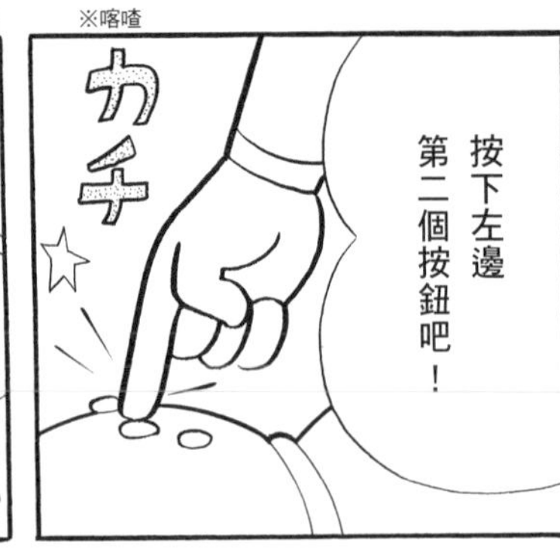

※喀喳
カチ
按下左邊第二個按鈕吧！

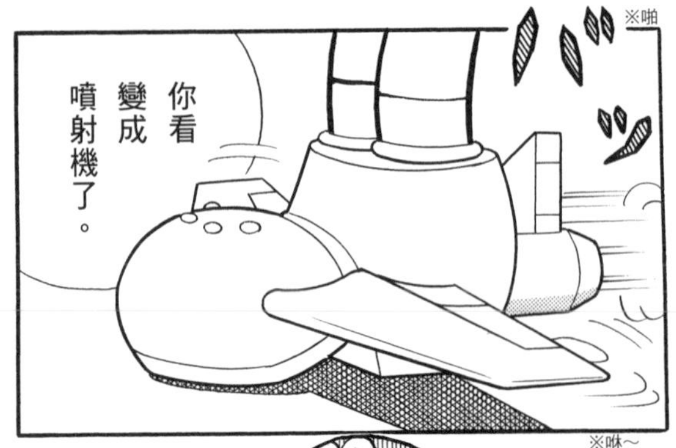

※啪
バッ
你看變成噴射機了。

※咻～

※咻～
啊！那是……

已經看得到高井山了。

交通工具未來號Q&A

Q 日本僅有一輛的特殊消防車叫什麼名字？①紅蠑螈 ②藍色衝擊波 ③黃博士

A ① 紅蠑螈（RED SALAMANDER）。紅蠑螈是配置在愛知縣岡崎市消防本部的全地形消防車。

※咻～

ゴーッ

哇！才剛看到就過頭了。

因為速度太快的關係。

※喀喳

按下中間的按鈕吧！

カチ

※噗嚕

プル…

變成直升機可以悠閒的在空中漫步一陣子喔！

※噗嚕嚕、噗嚕嚕

プルル…

春天的景色真是怡人啊。

プルル…

哇——好漂亮的湖水。

交通工具未來號Q&A

Q 日本道路交通法規定，駕駛開車時可以使用行動電話。這是真的嗎？

A 真的。自二〇二〇年四月起，實施〈自動駕駛等級三〉修正條例。

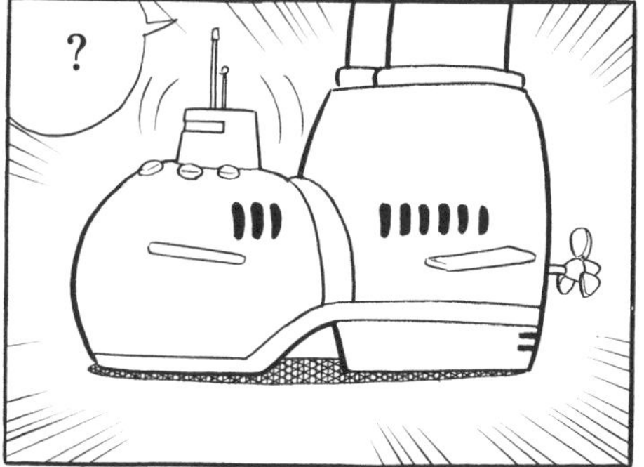

※咕嚕咕嚕

ブクブク ブクブク

真是亂來～他們按到變成潛水艇的按鈕了啦！

最新汽車與未來技術

實現自動駕駛的技術

人類駕車時會用雙眼注意周遭狀況，同樣的，攝影機與超音波感測器等各種感應裝置就是自動駕駛車的眼睛。即使是入夜後攝影機照不出來的陰暗道路，也能靠感測器「看見」道路狀況。

利用可以偵測目前位置的GPS技術，透過人造衛星便能即時確認自己在地圖上的位置。另外，車道偏移警示系統則是藉由方向盤的自動操作或是發出警報等方式，避免車輛偏離車道。

上述的這些功能都是先收集各種資訊，由AI（人工智慧）系統進行綜合判斷，操作方向盤或油門踏板，實現自動駕駛。

插圖／佐藤諭

▲如果自動駕駛技術發展成熟，駕駛與乘客就無須操作方向盤或注意路況，可以充分享受兜風的樂趣。

攝影機與超音波感測器

GPS與通訊技術

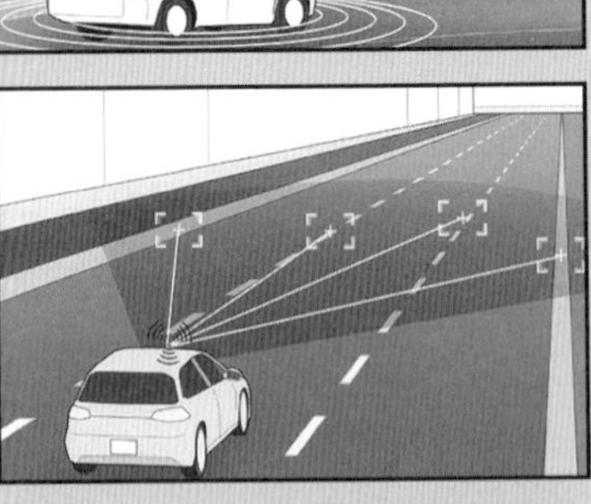

車道偏移警示系統

AI（人工智慧）

插圖／加藤貴夫

二〇二〇年十月，相鐵巴士在神奈川縣的橫濱Zoorasia動物園內進行日本的第一次大型巴士運行實驗。採用遠端監視操控技術，讓無人駕駛的園內公車執勤，實際載運乘客上路。

影像提供／相鐵集團

▶駕駛座沒有司機，司機坐在助手席待命，由無人駕駛系統操控公車。

▶日本本田汽車在二〇二一年推出搭載自動駕駛裝置的「Legend」車款，屬於自動駕駛等級三的汽車。

◀相鐵巴士旗下的自動駕駛公車曾經在Zoorasia 動物園裡來回穿梭。

影像提供／本田技研工業（株）

特別專欄

成功實現自動駕駛等級五的那一天

自動駕駛技術根據自動化程度的高低分成等級一到五，上方介紹的自動駕駛公車屬於遇到緊急狀態時會轉成由駕駛員操縱的等級二。

等級四是在高速道路等某些地方或在限制條件下，由自駕系統執行所有的駕駛操控。

等級五則是沒有任何場所與條件限制，由系統執行所有的駕駛操控。不過，仍需要一段時間這項技術才能發展成熟。等到完全自動化實現的那一天，也許汽車再也不需要駕駛座。汽車會像行走的客廳一樣，能讓人們悠閒的抵達目的地。

插圖／佐藤諭

水陸兩用車的可能性

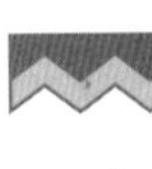

日本的日之丸汽車興業推出的水陸兩用巴士旅遊行程，網羅東京與橫濱的觀光勝地，十分受到觀光客的歡迎。行程使用的水陸兩用巴士「SKY Duck」是由美國製造，全長約十二公尺，體積與一般大型巴士差不多。而且搭載陸上（車輛）用與水上（船舶）用兩種引擎。

影像提供／日之丸汽車興業（株）

▲▲水陸兩用巴士「SKY Duck」從岸邊的斜坡道下水，濺起大量水花。

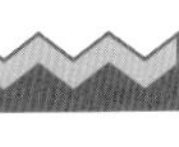

影像提供／Support Marketing Service

▶小型水陸兩用車ARGO。

這幾年日本因颱風與豪雨引發的水災越來越多，各地方政府、警察署與消防署紛紛引進小型水陸兩用車，以因應災害發生。

ARGO是裝設八顆大輪胎的水陸兩用車，任何崎嶇地形都能克服。其陸上行駛速度為每小時三十到三十五公里，水上行駛時速五公里，可在災害現場發揮最大救援作用。

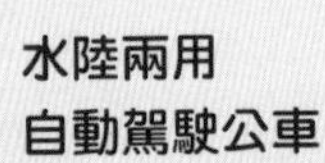

特別專欄

水陸兩用自動駕駛公車

日本群馬縣長野原町的八場水庫正在進行全球首創水陸兩用巴士的自動駕駛實驗計畫。埼玉縣工業大學提供自動駕駛技術，將機器安裝在運行中的水陸兩用公車上，計畫在 2022 年進行實際運作實驗。

影像提供／今井憲弘

汽車也能在空中自由飛翔的時代即將到來

受到日本支持的飛天車開發計畫，已經進行了載人飛行測試。SkyDrive 開發出全長只有四公尺、全世界機體最小的飛天車。於二〇二〇年八月，在愛知縣順利完成飛天車的載人飛行測試。像渡輪一樣模擬飛天車橫渡河川，將乘客送到對岸，數年後就能以飛天計程車的名義展開事業。

▼順利完成載人飛行的 SkyDrive SD-03。

▼SkyDrive 計畫在二〇二八年量產販售。

影像提供／（股）SkyDrive

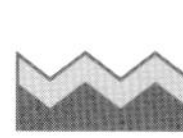

特別專欄

輪胎不能行駛的地方就要用腳！行走汽車開發中

輪胎不能行駛的崎嶇地形或高低落差，只要伸出腳，用走的就行。韓國現代汽車發表了可依實際需求、像機器人一樣行走的未來汽車「Elevate」的設計藍圖。

「Elevate」是自動駕駛電動汽車，平時是四輪行走，遇到輪胎不能行駛的地方就伸出腳，將車輪當成腳來走路。遇到入口處有階梯的建築物，「Elevate」可將車體抬高至玄關高度，方便乘坐輪椅的人上下車。此外，長長的腳也能輕鬆跨過障礙物往前走，發生地震或水災等災害時一定相當實用。

影像提供／現代汽車（股）

速度提升感護目鏡

※啪啦啪啦、咚咚咚咚、嘎啦嘎啦

又是那輛摩托車。
吵死人了……

騎那麼快要到哪裡去啊？

像你這樣悠悠哉哉的真好。

可是，我卻老是被嘲笑動作遲鈍……

現在的社會，實在是過度急促慌張。

所以，我只要看到你就會覺得鬆了一口氣。

你老是
三天晒網
兩天打魚。

交通工具未來號Q&A

Q 全球跑最快的車，時速是多少公里？
① 827
② 1027
③ 1227

A

③1227公里。搭載戰鬥機噴射引擎，專門用於破紀錄的英國「超音速推進號」，在一九九七年創下時速1227公里的世界紀錄。

只要戴上這個，跑起來就會變得很痛快喔。

就說慢跑很無聊了嘛……
你就當作被騙好了。

※咻、咻

路上小心喔。

ビュウ
ビュウ

這、這真是太棒了!!

我跑得比奧運選手還快耶!!
?
戴上護目鏡的人就會有這種錯覺。

昂首闊步勇往直前，這種舒暢的感覺太痛快了。
トットコ
トットコ

※咚噠、咚噠

感覺好像跑到橫濱再跑回來。
才五分鐘而已耶。

交通工具未來號Q&A

Q 第二次世界大戰後，日本有超過一百家摩托車製造商。這是真的嗎？

只要他本人覺得滿足就好了。

我會每天跑的。

※咚咚咚

※咚咚咚

A 真的。與軍需產業有關的技術人員，在戰後陸續成立相對容易營運的摩托車製造。

交通工具未來號Q&A

Q 個人移動載具可以自由的在日本的公共道路上行駛。這是真的嗎？

快到我都頭暈目眩。
遲鈍的傢伙。

？
只聽到呼嘯的風聲，其他聲音都聽不到的大雄。

這個護目鏡不只可以拿來慢跑。
看來應該還可以應用在很多地方。

※咻～

比方說，滑雪……

※颼颼

ビュウ

游泳……

嗯哈哈……

啊～是靜香。

A 假的。根據日本現行法律，除了輪椅型機種之外，所有個人移動載具都不能在公共道路上行駛。

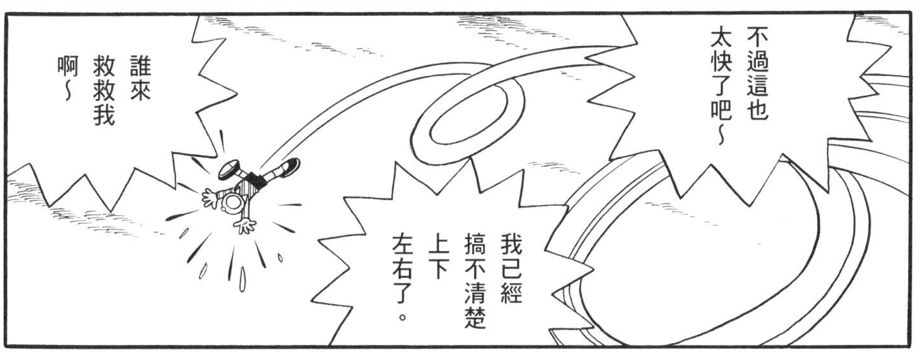

Q 個人移動載具也稱為「搭乘型移動支援機器人」。這是真的嗎？

A 真的。個人移動載具比汽車和摩托車更接近行人，是結合機器人的開發技術打造的新代步工具。

※轟～

※喀噠、叩咚

還有護目鏡嗎？
還有很多啊。

我想把大家的遙控玩具收集起來，再拿「縮小燈」把人縮小坐進去，就可以來場越野車大賽了。
聽起來似乎很有趣。

就這麼辦吧。

我也想讓烏龜體驗一下速度感。

※咻～

ビューン

※叩囉、叩囉

烏龜還是以自己的悠閒步調來過生活比較幸福吧。
ゴロ
ゴロ

全球最快的汽車有多快？

世界三大賽車競技的速度有多快？

從漫畫裡的「速度提升感護目鏡」就能知道，人類十分嚮往疾速奔馳的速度感，賽車運動如此受到大眾歡迎就是最好的例子。「世界三大賽車競技（三冠王）」（一級方程式賽車摩納哥大獎賽、印第安納波利斯五百英里大獎賽、利曼二十四小時耐力賽）是賽車運動最高殿堂，印第安納波利斯五百英里大獎賽採取最容易高速行駛的橢圓形高速賽道，平均速度超過時速三百五十公里，在繞圈賽型態中是全球速度最快的賽事。跑市區賽道的摩納哥大獎賽平均時速約為一百五十公里，利曼二十四小時耐力賽同樣是市區賽道，平均時速約兩百二十公里。不只是鋪裝過的公路，也有在未鋪裝的野外荒路高速行駛的拉力賽，同樣受到民眾歡迎，速度最快的區間曾創下時速兩百公里的驚人紀錄。

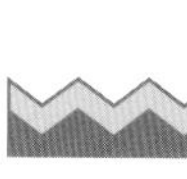

影像來源／ Alberto-g-rovi via Wikimedia Commons

▲賽車中速度最快的F1賽車。

▲在未鋪裝的荒野道路也能高速奔馳的拉力越野車。

影像來源／ kallerna via Wikimedia Commons

　市售汽車中，瑞典超跑車廠科尼賽克的「Koenigsegg Agera RS」車款在二〇一七年跑出最高時速四百四十七公里的紀錄。不久之後，布加迪奇龍SS300＋（法國、義大利）創下時速四百九十公里的速度。高速引擎仍在陸續開發中，未來可期。

▼全球速度最快的市售車款「Agera RS」。

影像提供／ ted7.com Koenigsegg Bingo Sports

中國與印度是二輪車生產中心

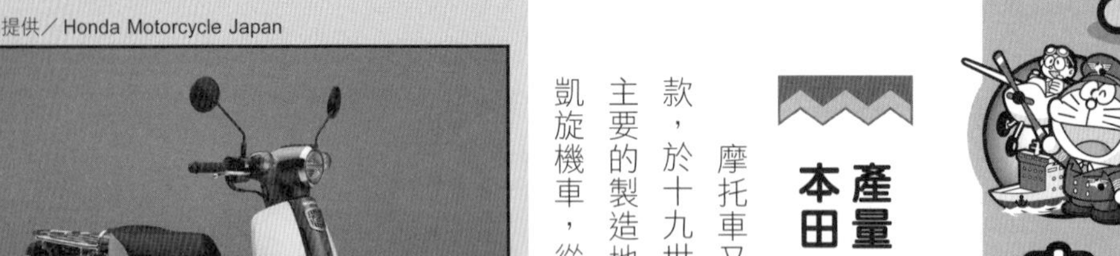

影像提供／Honda Motorcycle Japan

▲Honda Super Cub 110。

產量一億輛的本田 Super Cub

摩托車又稱機車，是在二輪自行車上裝設引擎的車款，於十九世紀後期開發，二十世紀初期以歐美國家為主要的製造地區。現存最古老的摩托車製造商是英國的凱旋機車，從一九〇二年就開始製造至今。而目前人氣依舊居高不下的哈雷機車，則較凱旋機車稍晚了一年，在一九〇三年誕生於美國。一九〇九年，日本也推出國產摩托車，昭和時代（一九二六年）之後開始大規模製造。第二次世界大戰之後，日本製造的摩托車具有先進技術，深受全世界認同，有一段時間日本的本田、山葉、鈴木與川崎等四家公司，在全球創下四成的市占率。

如今，日本本田已在全球二十一個國家開設生產線，從一九四九年開始量產以來，全球生產數量總計高達四億輛（二〇一九年）。兼具高性能與實用性的暢銷車款「Super Cub」系列，已經在全世界熱賣超過半世紀，二〇一七年達成全球生產數量總計一億輛的成績。

值得注意的是，現在摩托車的生產中心轉移至中國與印度，近年來印度成為全球最大的摩托車市場，生產數量將持續成長。

▼印度已經成為全球最大的摩托車市場。

影像來源／Filipe Fortes via Wikimedia Commons

進化的腳踏車——電動輔助自行車

▲跑車款式的電動輔助自行車「Jetter」。

自行車（又稱腳踏車）是沒有安裝引擎的二輪車，可說是摩托車的原型。腳踩踏板往前進的自行車出現於十九世紀後期，一八八五年問世的自行車有著鑽石型的輪圈及裝設鏈條的後輪驅動裝置，構造相當接近現今的自行車。之後，自行車成為便宜便捷的交通工具，廣受世界歡迎。

自行車經過不斷的改良，配置空氣胎、高性能剎車、變速系統、輕量鋁框等，逐漸提升功能與騎乘舒適感。不過，近年來自行車卻發生了大幅提升性能的重大變革，那就是橫空出世的電動輔助自行車。電動輔助自行車搭載電動馬達，能夠有效減輕踩踏的力氣。世界第一輛上市的電動輔助自行車，是一九九三年山葉發動機推出的。如今日本國內生產的自行車當中，超過半數都是電動輔助自行車，最普及的是俗稱「媽媽腳踏車」的城市單車，有些車款則採用近似登山車的外型。

特別專欄 不會傾倒的摩托車？

日本本田公司在 2017 年的東京車展，發表了可自行維持車體平衡，不會傾倒的電動二輪車「Riding Assist-e」。這是採用獨家研發的 Asimo 機器人平衡控制技術「Riding Assist」的實驗車款，車主即使在騎車時重心不穩，摩托車也會自動維持平衡，絕不傾倒。在低速狀態或停車時，也能夠避免摔車。如果能成功實現，不少因體格或體力問題不敢嘗試摩托車的民眾，也能輕鬆騎乘。

▼日本的共享單車也以電動輔助自行車居多。

邁入個人移動載具的新時代

具有卓越操控性能，新開發的小型代步工具

與既有的汽車和二輪車不同，全新開發的單人座次世代電動交通工具「個人移動載具」，正受到各界的矚目。日本國土交通省核可的一至二人座電動車「超小型代步車」是最為接近汽車與二輪車且能在車道上行走的小型代步工具；而個人移動載具則是比較接近行人的代步工具。

而說到站立操控型代步工具，「賽格威」肯定是知名度最高的。不過，最近包括「TRITOWN」（山葉）、「Winglet」（豐田）等也都在進行開發中。另外還有乘坐型的代步工具，包括電動輪椅「WHILL」以及跨坐的「UNI-CUB」（本田）。這些代步工具最大的特色就是體積小、操控性高，不會讓路上行人產生壓迫感。

▼設計性絕佳的三輪電動車「TRITOWN」。

影像提供／山葉發動機株式會社

▼具有高度性能的「WHILL」電動輪椅。

影像提供／WHILL 株式會社

電動滑板車

微移動設備（Micro-mobility）指的是一種體積比個人移動載具小、用起來又很輕鬆的交通工具。將一般的滑板車裝上電動馬達，開發而成的電動滑板車就是最典型的微移動設備。各廠牌與機種在速度和單次充電可行走距離的表現各有不同，有些機種的時速甚至能超過 40 公里。在日本，電動滑板車屬於「附原動機自行車」，因此必須在車體安裝前燈與方向燈，操作者也必須具備駕照。另一方面，電動滑板車是前所未有的新型交通工具，仍須具備安全的環境，避免發生交通意外。

銀河鐵道之夜

Q 全球最常用的鐵路軌道標準軌距是多少公分？① 106.7 ② 137.2 ③ 143.5

A ③143.5公分。日本的新幹線、部分私鐵與地下鐵皆為這個距離。另外，JR在來線（傳統鐵路）的軌距則為106.7公分。

為什麼問這個呢？
沒、沒事。

哇！

蒸汽火車型的太空船？
從來沒聽過啊。
我打算今晚去搭乘。
對了，叫它來學校後山接我。

又來了。
你是想讓我們羨慕才這樣說的吧！

沒關係，
信不信由你們。

到時候照相給你們看。
真期待今天晚上啊。

Q 一八八九年東海道本線全線通車時，從東京到神戶大約需多少小時？

① 10 ② 20 ③ 30

A ② 大約20小時。現在的新幹線「希望號列車」從東京到新神戶只要2小時40分左右。

Q 日本蒸汽火車的最大車輪直徑達一百七十五公分。這是真的嗎？

A 真的。不僅如此，歐洲和美國也曾經出現過車輪直徑超過兩公尺的蒸汽火車。

怎麼樣？真的來了吧！

※叩咚

※咘咘咘

交通工具未來號Q&A

Q 除了新幹線之外的日本列車中，速度最快的列車最高時速為多少公里？

① 120
② 140
③ 160

A ③160公里。京成電鐵的付費特急電車「Skyliner」，從京成上野到成田機場約64公里的路程，最快41分鐘就能抵達。

交通工具未來號Q&A

Q 全世界位置最高的鐵路車站，標高約為幾公尺？①一三五〇 ②三七八〇 ③五〇七〇

你看！你看！土星好大喔！

好棒喔！哇～哇～

A ③約五〇七〇公尺。標高最高的車站為中國青藏鐵路的唐古拉站，火車行駛在比富士山山頂高出一千公尺以上的高原。

好美的星海。
很漂亮吧，能來真是太好了。

咦？

什麼都看不到了。
現在進行超時空跳躍，在到達終點站前都是這個樣子。

真無聊。

肚子餓了，想買鐵路便當吃。
會不會停在哪個星球呢？
到終點站前都不會停的。

我們想要下車。
因為沒有人上下車。

不行，你們的車票是到終點站。

什麼嘛！
好荒涼的
星球。

什麼
都沒有啊！

宇宙盡頭的
彼方星雲
是最偏僻的
星球啊！

交通工具未來號Q&A

Q 位於全世界最陡坡道的鐵路（纜車除外），每公尺往上爬升多少公分？

①36 ②48 ③60

真的是宇宙的盡頭耶！這邊連顆星星都沒有。

我們不想待在這種地方啦！
我想回地球。

車掌先生～

列車不會再開了，這是最後一班車。

最後一班車……再來什麼時候會發車？

不會再發車了，蒸汽火車號的服務已經結束了，因為發明那個的關係。

再見囉！
※砰

怎麼可以這樣!?
要怎麼回去呢？

A ②48公分。瑞士的皮拉圖斯鐵路在兩條鋼軌之間鋪設齒軌，裝設在列車旁的齒輪可嚙合齒軌行走，順利上下陡坡。

※咚咚咚
要是我們回不去的話會很傷腦筋的。

沒人……
消失了!!

我們被拋棄在宇宙的盡頭了！
嗚嗚～

因為發明了「任意門」，所以不方便的蒸氣火車型太空船就被廢止了。

你們居然把我重要的紀念車票用掉了!!

鐵道車輛的歷史——從蒸汽到電池動力車

影像提供／小賀野實

▲馬車鐵道可以拉動比一般馬車更重的車輛。（北海道開拓之村）。

蒸汽火車（SL）的發明與鐵道發展

列車行走在鋪設好的鐵軌上，載運人與物品的交通設施稱為鐵道（鐵路）。兩條軌道平行鋪設的型態，原本是歐洲礦坑為了運送煤炭設計出來的。剛開始還在車輪經過的地方鋪上木板，後來逐漸發展出現在的軌道；為了預防出軌，還研發出帶有凸出輪緣的車輪。

在鐵軌上行駛的火車車輪很容易出軌，鐵路運輸最大的優點就是可以花最少的力氣運送重物。在仰賴人力或馬車運輸的時代，很難達成這一點，結合十八世紀後半發明的蒸汽機（詳見下一頁）製造出蒸汽火車之後，開始可以安全的運送大量貨物與人，運輸效能完全是馬車無法比擬的，這讓鐵路在全世界迅速普及。

日本在一八七二年開通第一條鐵道之後，陸續在各地方興建鐵路。最初日本必須從國外進口蒸汽火車，後來著手國產化，製作出知名的D51型與C62型蒸汽火車。

▼以SL山口號之名營運的D51型蒸汽火車。

影像提供／山中則江

蒸汽火車的缺點與「不冒煙」的火車問世

插圖／加藤貴夫

水蒸氣

水

火

水蒸氣推動活塞，帶動車輪

▲蒸汽機的作用機制，蒸汽火車以煤炭為燃料。

蒸汽火車的運作機制是以煤炭燃燒產生的熱氣煮沸水，產生的水蒸氣推動活塞，成為轉動車輪的力量。但事實上，絕大多數的熱氣並未轉化成動力，而是從煙囪排放至空氣裡，簡單來說，蒸汽火車的能源效率相當差。

此外，蒸汽火車行走時，必須消耗大量煤炭，也必須載運著大量的水，加上會冒煙的關係，乘客不能開窗戶，有時火星還會引發火災，缺點其實很多。

由於這個緣故，隨著科技發展，人類接續發明出不是以蒸汽機為動力啟動的火車。大致分成兩種，一種是以柴油為燃料的柴油火車，另一種是利用外部電力啟動電動馬達的電力火車。日本國鐵（現在的JR）從一九五〇年代開始研發新動力火車，藉此替換蒸汽火車，到了一九七五年，蒸汽火車正式退出營運，消失在所有路線之中（目前營運的SL蒸汽火車是為了發展觀光重新復活的）。

影像提供／山中則江

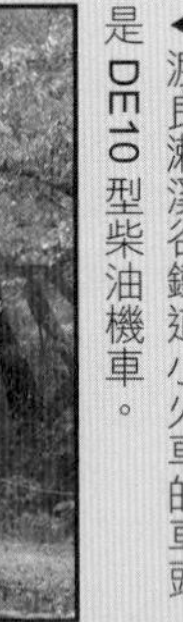

▲渡良瀨溪谷鐵道小火車的車頭是DE10型柴油機車。

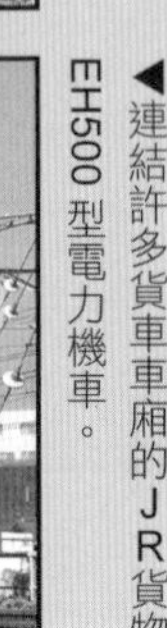

▲連結許多貨車車廂的JR貨物EH500型電力機車。

影像提供／小賀野實

「火車」與「電車」有何差異？

日本民眾最常搭乘的電車在前方與後方都有駕駛座，抵達終點後，駕駛只要走到另一邊就能輕鬆駕駛下一段路線。

另一方面，SL蒸汽火車與貨物列車只有最前方的機車（火車頭）有駕駛座，後方並沒有（若遇到急陡坡，有時也會在車尾掛上別的機車往前推）。由於這個緣故，當列車抵達終點站，必須先將機車與車廂分離，將機車移動到另一邊，再回頭行駛。

值得注意的是，由機車帶動的列車只有機車有動力，其他車廂只是被拉著走而已。相對於此，電車是由十節車廂編成，其中六節車廂有電動馬達，動力來源相當平均，是其特色所在。

◀蒸汽火車是使用轉車盤變換車輛方向。

影像提供／小賀野實

◀電車的駕駛座放在車輛編組的前後兩端，兩者都能當車頭使用。

影像提供／小賀野實

跑非電氣化路線的柴油機車

鐵道路線中，有一種是在軌道上鋪設電線供應列車動力，稱為電氣化鐵路。

另一種則是沒有電線的非電氣化鐵路，使用「柴油機車」。不使用電力，以柴油引擎作為動力，外觀看起來與「電車」沒有兩樣，其實是與電車完全不同的列車。

◀日本的智頭急行公司營運非電氣化鐵路，旗下的柴油特急列車「超級白兔」相當受歡迎。

影像提供／小賀野實

以電池爲動力的新型態車輛也陸續登場

在引擎內部燃燒柴油的柴油機車，會像卡車一樣排放廢氣，也會發出引擎聲。相較之下，電車不會排放廢氣，除了行駛中的聲音之外，很少發出噪音。此外，電車啟動剎車時，會從車輪轉動的力產生電力（再生制動），可以重複利用部分電力，可說是友善環境的交通工具。話說回來，過去的電車必須持續從外部電線接收電力，因此無法走非電氣化路線。

近年來，可以儲存電力的蓄電池技術日新月異，結合蓄電池的柴油機車與電車等新型態車輛也陸續問市。雖然以蓄電池的體積來說，可以儲存的電力還不夠多，還有許多亟待解決的課題，但相關單位依舊以取代既有的柴油機車為目標持續開發。

影像提供／山中則江

▲由搭載蓄電池與柴油引擎的混合車輛組成的渡假列車。

▲橫跨電氣化與非電氣化兩種路線的蓄電池電車（日本男鹿線）。

影像提供／小賀野實

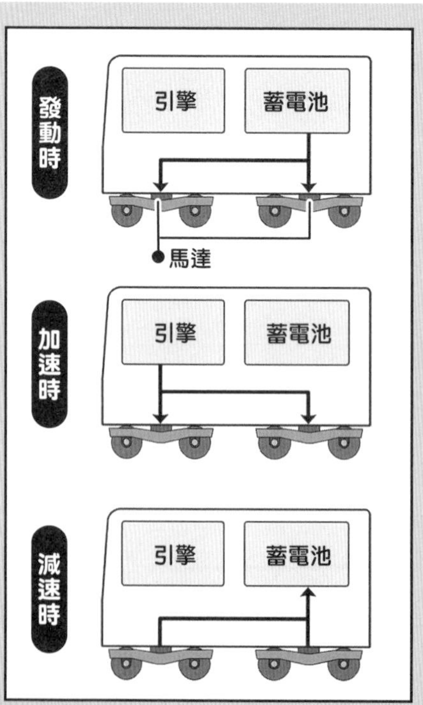

▲混合動力車輛的電力流動過程。可切換引擎發電與使用蓄電池，透過再生制動取得的電力，也能儲存在蓄電池裡。

插圖／加藤貴夫

我家是藍色特快車

Q 下列哪種車廂實際編組至藍色列車中？①澡堂車 ②超商車 ③餐車

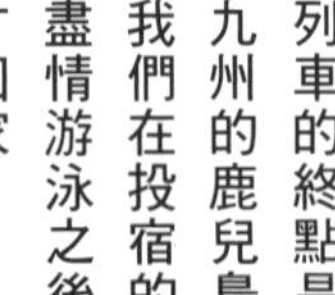
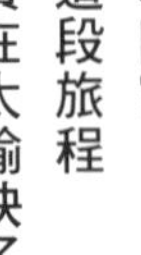

列車的終點是九州的鹿兒島。我們在投宿的海岸邊盡情游泳之後才回家，這段旅程實在太愉快了!!
好羨慕喔……

藍色特快車？
那是什麼東西啊？
臥鋪火車？
為什麼要特地付錢到火車上睡覺啊。

如果想到不一樣的地方睡覺，就去睡倉庫，
想游泳就到游泳池去吧！
我就知道媽媽會這麼說。

好！今晚出發!!
你有藍色特快車嗎？

當然沒有，哈哈哈。

A ③餐車。車廂規劃了廚房與用餐空間，乘客可以趁熱享用在車內調理的料理。

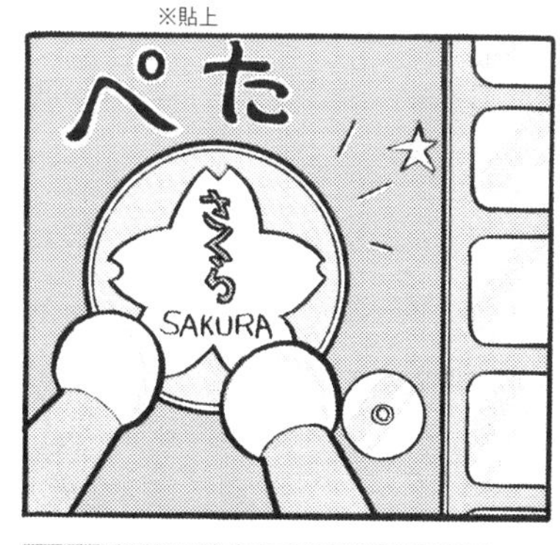

※叩咚、叩咚

※叩咚、叩咚、叩咚

交通工具未來號Q&A

Q 配合一九六四年東京奧運開通的鐵道服務是哪一個？①藍色列車 ②新幹線 ③單軌電車

A ②新幹線。一九六四年十月一日正式開通，當時最高時速為200公里（隔年起增至210公里），從東京到新大阪只需4小時。

※叩咚、叩咚

※叩咚、叩咚

※叩咚、叩咚

交通工具未來號Q&A

Q

路面電車行駛在鋪設於道路的軌道上，路面電車的最高時速是多少公里？

①40

②60

③80

A ① 40公里。日本的路面電車營運時必須遵守道路交通法的交通規則，根據規定，最高時速不可超過40公里。

※叩咚、叩咚

ゴトゴトン
ゴトゴトン
ゴトゴトン

※叩咚、叩咚

交通工具未來號Q&A

Q 下列交通工具中，無需司機就能自動駕駛的是哪一種？①路面電車 ②新交通系統 ③新幹線

天亮再去游泳嘛。
這列車只有晚上能移動啊。

必須在天亮之前回家。

※嘩啦嘩啦、嘩啦

偶爾來個不一樣的海水浴也滿有趣的嘛！

恐怕沒有人會相信有這種事吧！

A ②新交通系統。裝設在車輛的自動列車駕駛裝置，可根據各種狀況加速或減速。

有「行走飯店」美譽的臥鋪特急藍色列車

影像提供／小賀野實

▲日本第一輛藍色列車「朝風」連結東京與博多，開通當時兩處單程所需時間為 17 小時 25 分鐘。

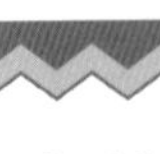

擁有飯店般的舒適設備，享受極致的列車之旅

由於車體是藍色的，因此夜行寢台（臥鋪）特急列車被暱稱為「藍色列車」。一九五八年問世的第一輛藍色列車「朝風」，以不同的電源車連結牽引車廂的機車與客車，所有車廂都有冷暖氣，可提供在車內烹調的料理，乘坐體驗相當舒適，有「行走飯店」的美譽。

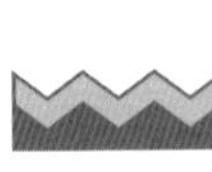

此後，藍色列車的客車經過不斷改良，乘客長時間乘坐依舊舒適，使得藍色列車不僅是單純的交通工具，也能讓人享受鐵道旅行的樂趣。遺憾的是，由於新幹線與飛機比藍色列車更快抵達目的地，吸引民眾目光，二〇一五年已終止所有藍色列車的營運。

影像提供／小賀野實

◀等級最低的B寢台。一九七四年從三層臥鋪改為兩層。

藍色列車的車廂編組（1958 年「朝風」）

機車（第一節車廂）
3等（座位車）
B寢台
餐車
2等（座位車）
A寢台（開放式寢台）
A寢台（1人用／2人用臥鋪）
電源車
行進方向

插圖／加藤貴夫

擴大藍色列車的魅力 享受「住宿兼巡遊」的豪華觀光臥鋪列車

源自豪華的藍色列車

影像提供／小賀野實

▶「北斗星」列車從上野經青函隧道，連結北海道。

影像提供／小賀野實

▲北斗星號也曾掛上有著「夢幻空間」的展望餐車。

1988 年配合青函隧道開通，在車廂內配置淋浴間的 A 個室寢台（套房臥鋪）與餐車的「北斗星號」列車也同時營運。另有特別組成的列車，其中一節車廂是內含三間雙人臥鋪的寢台客車，加上展望餐車與酒吧車室的「夢幻空間」。除此之外，所有客室皆為 A 寢台兩人用臥鋪的「仙后座號」，以及編組的最後掛上套房車廂的「曙光特快號」等豪華寢台特急列車，在當時也很受歡迎。

跑遍日本全國的三大豪華觀光臥鋪列車

影像提供／山中則江

◀環繞九州行駛的「九州七星號」列車，有一晚與三晚的套票可供選擇。

▼「九州七星號」最後一節車廂（客室）。

影像提供／松本正敏

影像提供／中村哲也

▲行駛鄰近瀨戶內海與日本海路線的「曙光瑞風號」列車。

誕生於 2013 年、環繞九州的日本第一輛豪華觀光臥鋪列車「九州七星號」，14 間臥鋪皆為套房。運行東日本各地的「四季島號」列車，最高級客室為和室與寢室的兩層樓結構。運行於山陽、山陰的「曙光瑞風號」列車，有些車廂更只有一間套房。

影像提供／小賀野實

▲環繞關東甲信越、東北與北海道各地的「四季島號」列車。

以超高速連結日本的新幹線

時速超過兩百公里的夢幻列車誕生

影像提供／小賀野實

◀第一代新幹線0系車輛，由於車頭為圓形，因此暱稱「團子鼻」（丸子鼻）。

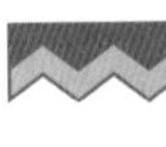

以時速超過兩百公里的速度串聯日本各大城市的新幹線，是在一九六四年舉辦東京奧運時開通的。不採用機車牽引客車的方式，而是透過集電弓接收電力，加上電動馬達驅動車輪，讓所有車輛都有動力往前進。為了減少空氣阻力，設計出圓弧的流線型車體也是重點特色。

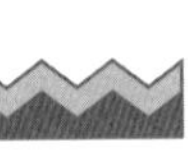

特別專欄

細長尖銳的車頭設計是為了提升速度與降噪

經過不斷改良，新幹線第一節車廂的前端形狀變得細長，如此設計的原因是要降低空氣阻力，提升行駛速度。另一個原因則是減少噪音。列車高速行駛進入隧道時，會擠壓隧道內的空氣，將空氣往出口推，產生嚴重噪音。將車頭設計成細長形，盡可能減少擠壓隧道內空氣，進而降低噪音。

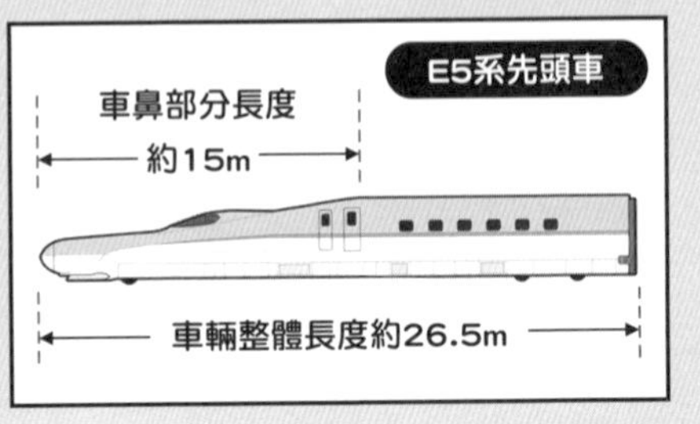

插圖／加藤貴夫

看不見的地方也大幅革新！新型新幹線 N700S

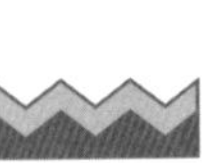

二〇二〇年七月，東海道山陽新幹線增添了一名生力軍，新型車輛「N700S」。外型乍看雖然很像既有的

影像提供／小賀野實

▲N700S 的「S」是「Supreme」（最棒）的意思。

N700A，第一節車廂卻是採用至尊雙翼型，只要仔細看就能看出差異。左右兩側的雙翼可以分散風的流動，減少空氣阻力，進入隧道時也能降低噪音。

在看不見的地方N700S也做了一些大幅度的改造。將設置在車底板下方的驅動系統改造得更小、更輕，多出來的空間就能擺放鋰電池。若遇到停電被迫停止運行時，就能夠利用電池抵達安全的地方。

特別專欄

全球的高速鐵路

商業運轉最快時速320km

法國高速鐵路 TGV 與日本新幹線不同，是由電力機車牽引車輛往前進。商業運轉的時速與東北新幹線「隼」同為最高等級 320 公里。TGV 的車輛技術也運用在行駛於英國和歐洲各國間的「歐洲之星」。

▲1981 年開使營運的 TGV。

▲穿越英法海底隧道的歐洲之星。

日本新幹線進軍全世界

縱貫台灣各大城市的台灣高鐵，使用日本首次出口的新幹線車輛，由JR東海和JR西日本共同開發，最高時速為 300 公里。根據 700 系新幹線的技術研發而成，車體與客室都很接近 700 系。此外，日本也在其他國家推動高鐵計畫，例如 E5 系將進軍印度、N700S 也會在美國德州現身，而且皆依照當地需求加以改良。

▲2007 年開使營運的台灣高鐵。

影像來源／ Dominique Garcin-Geoffroy via Wikimedia Commons（左）、Rsa via Wikimedia Commons（中）、Herbert Ortner, Vienna, Austria, via Wikimedia Commons（右）

還有更多！其他鐵道相關列車

路面電車行駛於鋪設在道路的軌道上，使用最新技術再進化

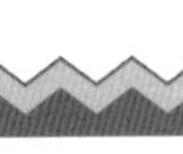

路面電車是利用安裝在車頂的集電弓，從架線獲取電力，以電動馬達轉動車輪往前進。由於軌道鋪設在馬路上（固定軌道），根據日本道路交通法規定，日本的路面電車必須依交通法規行駛。最高時速不能超過四十公里，交通號誌轉為紅燈時，也要停下來。另一方面，德國開發出無需人力操作，可自動駕駛的路面電車，目前正在進行道路行駛測試。

影像提供／小賀野實

▲京福電氣鐵道嵐山本線與北野線的路面電車，行駛於京都市區和觀光景點附近。

LRV（輕軌車輛）是備受注目的次世代型路面電車，由LRT（輕軌運輸）系統負責運行。軌道使用特殊樹脂，行走時沒有噪音與振動，乘坐起來相當舒適，是其最大特色。此外，LRV的車輛底盤很低，入站後與月台之間幾無間隙，方便乘客上下車。由於目前專用軌道和併用軌道混雜在一起，LRV與路面電車一樣，最高時速不得超過四十公里。

影像提供／山中則江

▲2006年日本推出第一輛輕軌電車（LRT），是由富山地方鐵道，富山港線營運的超低底盤電車。

◀車內沒有高底落差，方便輪椅與嬰兒車上下車。

影像提供／小賀野實

行走在城市上空的單軌電車與新交通系統

影像提供／山中則江

懸吊式單軌電車

湘南單軌電車

▲單軌電車區分成軌道部分完全裸露在外的「尤金· 蘭根（Eugen Langen）懸吊式」，以及「SAFEGE 懸吊式」。

影像提供／山中則江

▲為了讓車輛與往前前進的行走輪保持平衡，在車輛下方的轉向架設置了穩定輪與導引輪。

相較於行走在兩條軌道的鐵路型態，行走於單條軌道上方或下方的型態稱為單軌鐵路。由於軌道可以架設在高架橋上，很適合在地狹人稠的城市空間營運。單軌電車有兩種，一種是車輛橫跨軌道的「跨座式」；另一種是由吊臂掛在軌道下方的「懸吊式」。這兩種都必須由電線為電動馬達供電，驅動裝置在車輛轉向架的膠輪往前走。

另一方面，新交通系統雖然跟單軌電車一樣走高架軌道，但導引輪對著位於軌道上的導引軌，利用膠輪在水泥上行駛，與單軌電車是完全不同的交通工具。採用自動導引軌旅客輸送系統，將相關資訊相互傳送到車站、車輛與線路上的裝置，執行無人駕駛，由設置於中央指揮所的電腦監控列車安全。

無人駕駛系統的作用機制

自動列車控制裝置
當列車超過速限，就會自動踩剎車減速。

自動列車駕駛裝置
列車會因應位置資訊加速或減速，進站後也會自動開關門。

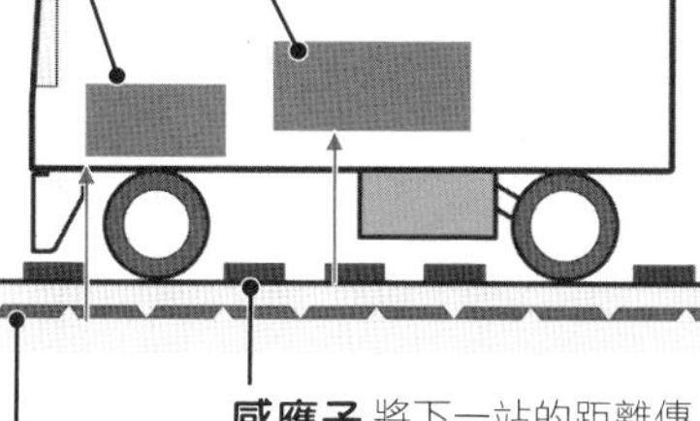

感應子 將下一站的距離傳送給列車。

傳輸電纜線
讓資訊在車輛與中央指揮所之間傳遞。

插圖／加藤貴夫

▼日本第一輛正式營運的無人駕駛神戶新交通系統（港灣人工島線）。

影像提供／山中則江

汽車與列車合而為一！可在軌道與馬路上行走的DMV

DMV（Dual Mode Vehicle，雙模式車輛）指的是以柴油引擎為動力來源、可在軌道與馬路上行走的新交通工具。改造小型公車的車輛裝設膠輪與鋼輪，在馬路上行駛時收起鋼輪，以膠輪行走。使用專屬的行走模式切換裝置，只要短短十五秒就能互相切換。日本已在二〇二一年冬天開始商業運行，路線為四國的阿佐海岸鐵道共四站的十公里區間，以及一般道路上。

▲放下鋼輪，收起前方膠輪，以後方膠輪為驅動輪，在鐵軌上行走。

▲在一般馬路上行走時，收起鋼輪，操控方向盤，以前後方的膠輪行駛。

影像提供／阿佐海岸鐵道株式會社

不只在山裡！日本還有各種纜車 都市型纜車誕生

在空中架設粗鋼索，掛上車廂運送人與物品的交通工具稱為「纜車」。纜車並非行走於軌道上，而是透過「索道」運行，因此被歸類為鐵道的一種。在日本通常是為了接駁登山客，運行於山頂與山腳之間；在外國，不少國家將纜車設置在城市裡。日本神奈川縣的橫濱市，也在二〇二一年開通了連結JR櫻木町站前與新港碼頭的都市型纜車。乘客坐在纜車裡，可以從空中飽覽城市美景，是令人躍躍欲試的全新交通工具。

▼2021年6月新開幕的「YOKOHAMA AIR CABIN」，纜車的路線距離約為630m公尺、最高處約為40公尺。

影像提供／日本橫濱市

列車粉筆

再用力一點啊！
沒辦法了啦！
怎麼了啊？

因為印章掉到櫥櫃後面，拿不出來了。

這樣的話只要用「列車粉筆」就好了。

只要用這個畫出軌道……
すう

哇啊，浮起來了。

哇！向前進了。

拿到印章了。
謝謝。

Q 屬於線性馬達列車的超導磁浮列車，行駛時會浮在軌道上。這是真的嗎？

用這個來玩吧！

等一下要換我坐喔。

不能在家裡塗鴉。

外面空間比較寬廣呢。

我們繞著鎮上畫一圈軌道吧！

我來畫軌道吧！
那我去找乘坐物。

請把這些空箱借給我。
拿去吧！

A 假的。低速行駛時會利用膠輪喔！當時速超過一百五十公里，輪胎會收進車體內部，切換至懸浮模式。

交通工具未來號Q&A

Q 磁浮中央新幹線在品川至名古屋之間，隧道區間占多少比例？

①約17%

②約50%

③約86%

A

③約86%。不只是貫穿山脈的隧道，奔馳於大城市的區間也計畫在地底深處挖掘隧道。

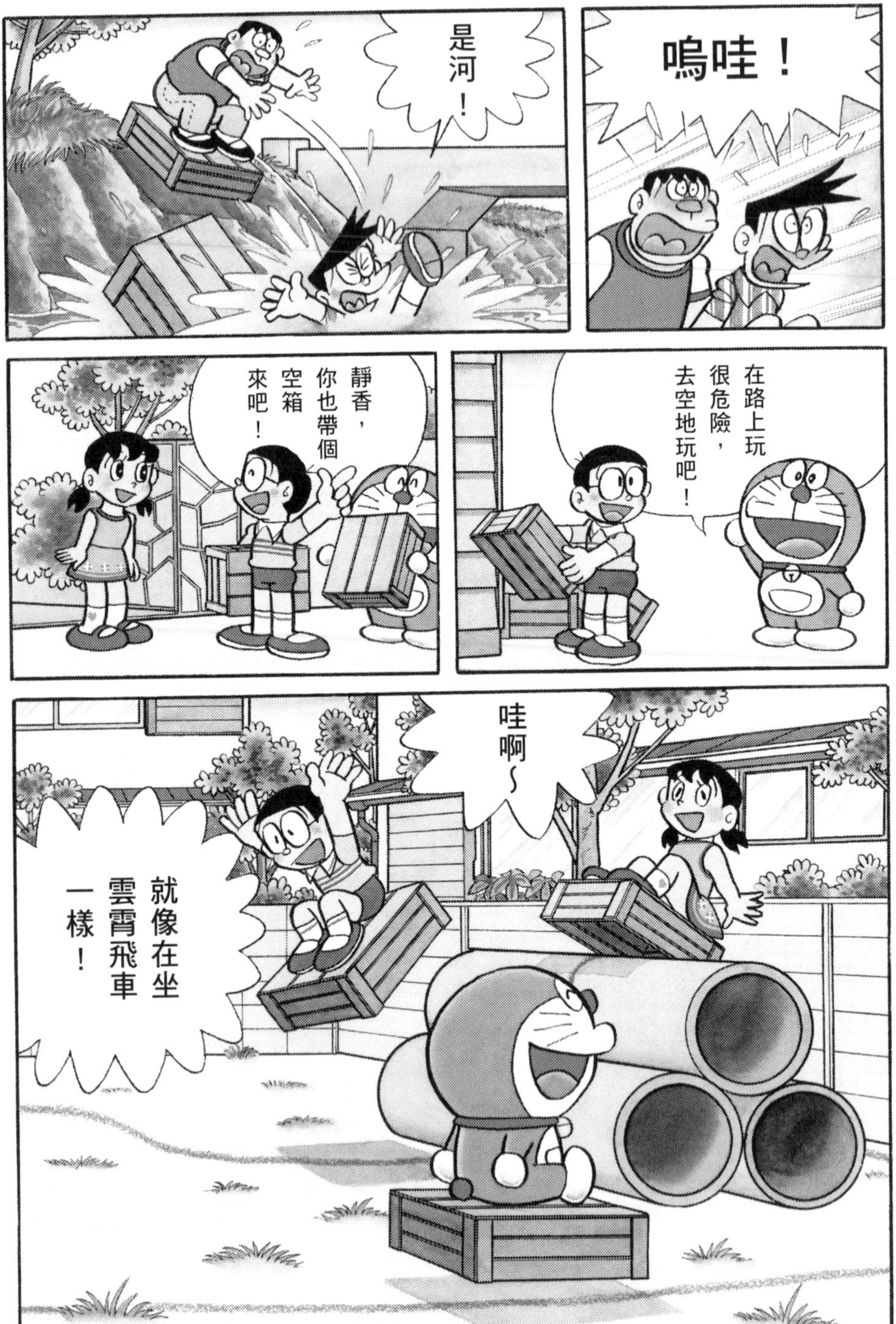

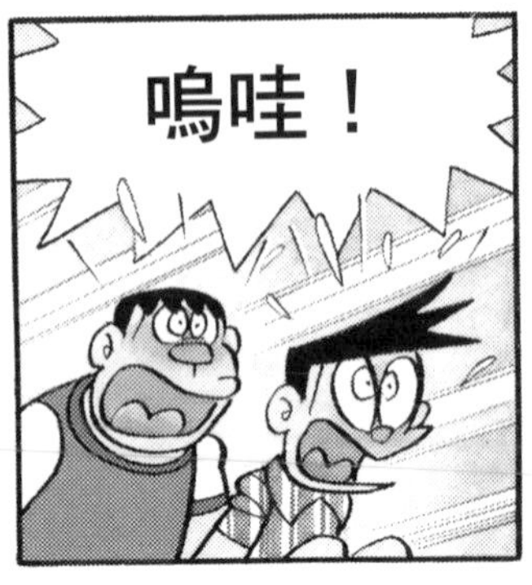

嗚哇！

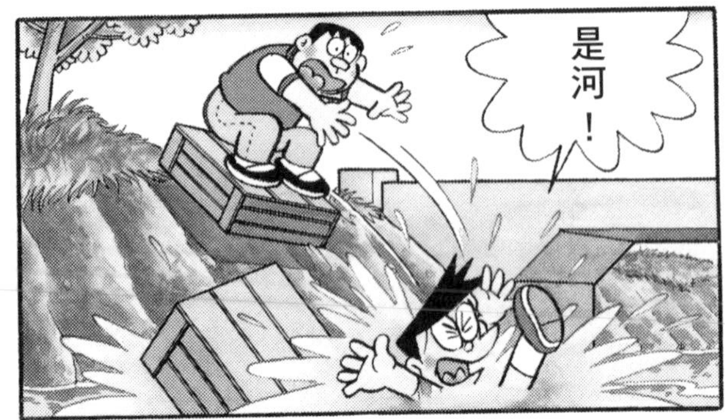

是河！

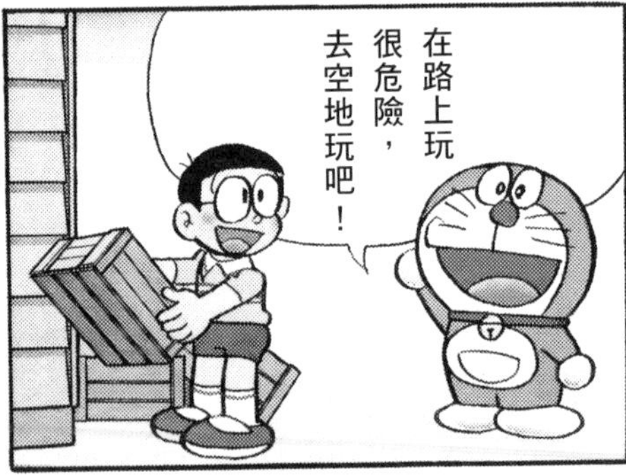

在路上玩很危險，去空地玩吧！

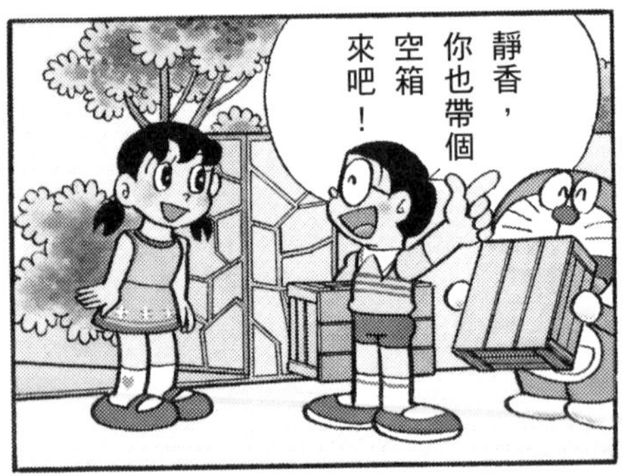

靜香，你也帶個空箱來吧！

哇啊～

就像在坐雲霄飛車一樣！

全新高速鐵路「超導磁浮列車」

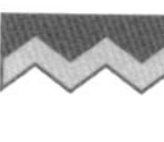

靠磁力懸浮的線性馬達列車

包括日本新幹線以及台灣高鐵在內的全球高速鐵路，通常是在一般軌道上以最高時速兩百到三百公里運行。

對比之下，利用磁石的力量使車體懸浮，在很接近地面的空中飛快移動，這一類令人耳目一新的列車稱為「線性馬達列車」。

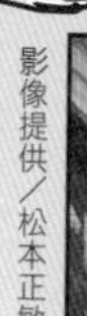
影像提供／松本正敏

▲行駛山梨實驗線的超導磁浮列車測試車輛「L0系」。

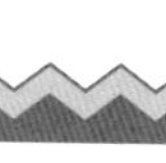

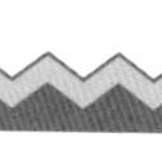

目前有幾種線性馬達列車，日本專為高速鐵路開發的機種稱為「超導磁浮列車」。雖然還沒有正式商業運轉，但在測試運行時，已創下全球最高時速六〇三公里的紀錄，遠遠超越在軌道上行駛的高速鐵路。

特別專欄　也有不懸浮的「線性馬達列車」

除了超導磁浮列車之外，還有另一種線性馬達列車已經實際運行，那就是中國的「上海磁浮示範營運線」。列車離地只有1公分，以商轉的磁浮列車而言，創下全世界最快時速430公里。

此外，也有不懸浮的線性馬達列車。由於這類列車車體較小，受到不少新建的地下鐵青睞。

◀車體高度與寬度較小的線性馬達地下鐵車輛（都營地下鐵大江戶線）。

影像提供／小賀野實

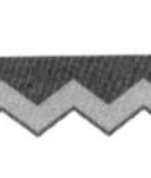

把電力轉化爲線性動能的線性馬達

磁石（磁鐵）有N極（地磁北極）與S極（地磁南極），其特性是異極相吸，同極相斥。

一般電動馬達便是利用磁石的這項特性，將電力轉化為「扭力」。而將電動馬達如左圖展開後，產生「線性動能」的電動馬達稱為「線性馬達」，結合此電動馬達的列車就是線性馬達列車。

插圖／加藤貴夫

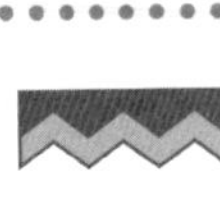

線性馬達列車的前進機制

採用線性馬達列車的軌道，會在車輛與軌道上排列磁石。以超導磁浮列車為例，車體交互排列著擁有N極與S極的磁石，裝設在地面上的電磁石（※）電力則是規律的切換方向，N極與S極不斷輪流切換。如此一來，裝設在車輛上的磁石會一直被地面上斜前方的磁石吸引，使得列車可以持續往前進。

※電磁石：意指纏繞電線的物品在電流通過時，產生磁力的磁石。只要改變電流方向就會切換N極與S極，這就是電磁石的性質。

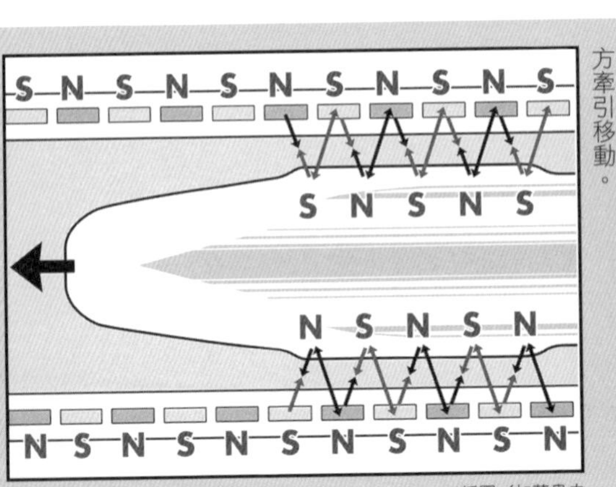

▲持續切換N極與S極，將列車往斜前方牽引移動。

插圖／加藤貴夫

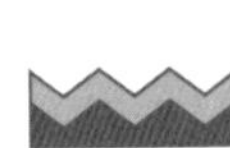

超導磁浮列車懸浮在離地十公分的空中

超導磁浮列車是利用日本獨特技術開發出來的，裝設在車輛的磁石稱為「超導磁鐵」。將鈦鈮合金冷卻至攝氏負兩百六十九度，就能半永久性的有電流通過，也不會因為發熱流失能源，可發揮超強磁鐵的作用。

除了在地面鋪設讓列車前進的電磁石之外，還鋪設了讓列車懸浮的電磁石。當車輛上的超導磁鐵高速通過地面電磁石的瞬間，電力就會流通，變成電磁石。此時產生的磁力可使車輛離地十公分，即使車體左右搖晃，磁力還能夠讓車體保持在中心位置，無需擔心碰撞出軌。

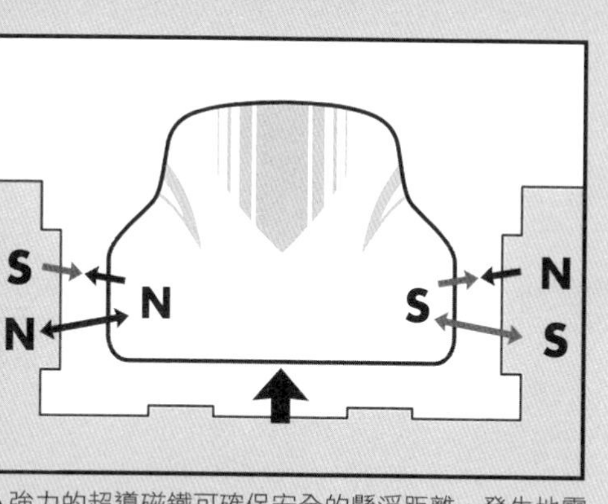

▲強力的超導磁鐵可確保安全的懸浮距離，發生地震也不擔心。

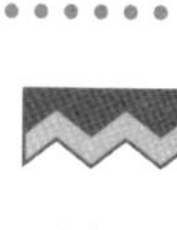

磁浮中央新幹線讓東京與大阪的距離只有一小時

以目前的東海道新幹線為例，搭乘最快列車來往東京與大阪之間，單程需兩小時二十分左右。超導磁浮列車運行此區間，則只要一小時左右即可抵達，這條最新的高速鐵路就是「磁浮中央新幹線」。

日本從一九六二年開始研究線性馬達列車，花了很長的時間研究開發，進行行駛測試。二〇一七年，日本政府認為「已經完成營業必要的技術開發」，如今已在東京的品川站與名古屋站之間施工，即將提前營運。

目前計畫在品川與名古屋之間以最高時速五百〇五公里行駛，最快四十分鐘就能抵達，可以大幅縮短乘車時間，有助於發揮更高的經濟效益。

插圖／加藤貴夫

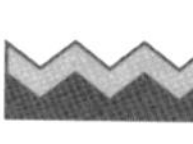

兒童用滑翔翼

滑翔翼……

好像很好玩。

當然好玩啦，等我長大，我也會去玩。

小夫他再長大一點以後……

一定會去玩滑翔翼，然後到處炫耀吧。

真不甘心!!

想個辦法讓我先玩到滑翔翼吧。
真是的。

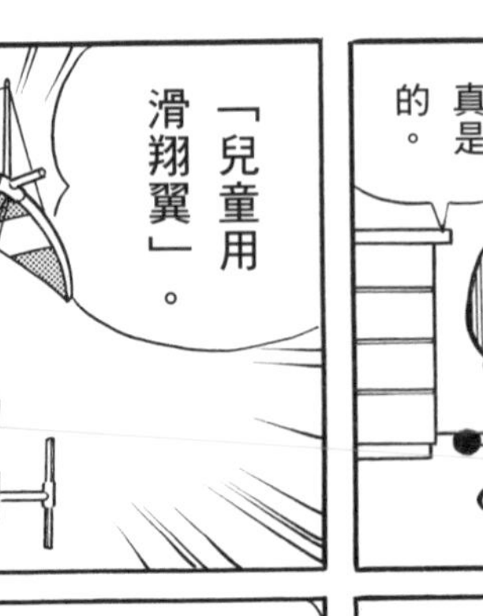

「兒童用滑翔翼」。

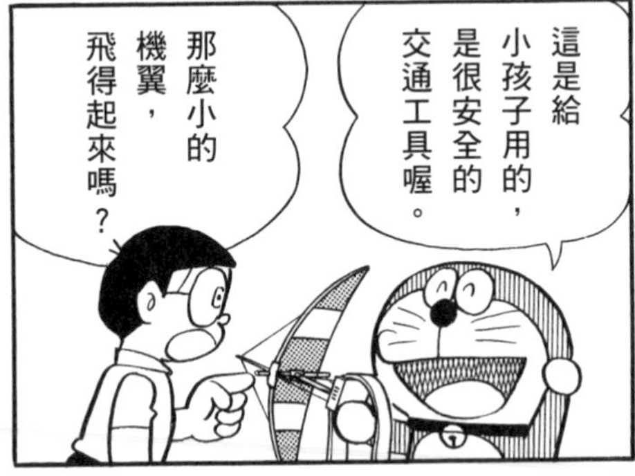

這是給小孩子用的，是很安全的交通工具喔。
那麼小的機翼，飛得起來嗎？

這是利用二十二世紀的航空力學，以最小的翼面積，來獲得最大的浮力……這麼說你也不懂吧。

飛給你看。

※咚咚咚

哇—
飛起來了。

交通工具未來號Q&A

Q 世界上第一個成功飛行滑翔機的人是誰？①浮田幸吉 ②奧托・李林塔爾 ③萊特兄弟

A

②奧托・李林塔爾（Otto Lillenthal）。李林塔爾在一八九一年成功飛行滑翔機，是史上第一人。

※往上飄
升高了！

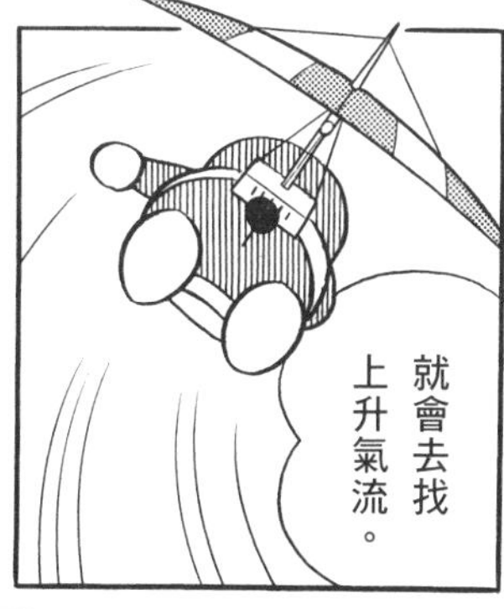

就會去找上升氣流。

操縱這個……

我要讓小夫羨慕。

輕輕鬆鬆。
看起來挺簡單的嘛。
也讓我玩吧。

※咚咚
去吧！

※黏住
我還是會害怕。

我想先到低一點的地方練習。

嗨，靜香。

Q 沒有引擎也能飛的滑翔機，是靠自己的力量起飛。這是真的嗎？

我要去玩滑翔翼，靜香也來吧。

對了，去炫耀給小夫看吧。
等你會玩再說吧。

從這裡跑下去的話……
應該會稍微浮起來。

再用「上升氣流地毯」，在空氣中做出上升氣流。

朝這裡跑過來。

※咚咚

這樣就不會害怕了。
トッ
トッ

哇！
浮起來了。

A 假的。滑翔機是靠小型飛機的力量離地起飛。

真是舒服……

地毯在這裡啊。

好像很好玩的樣子。

靜香也拿一個來玩吧。
我辦得到嗎？

我來教你。
這裡要這樣……

※往上飄

加油!!

浮起來了!!

交通工具未來號Q&A

Q 二十歲以上的成年人才能飛懸掛式滑翔翼。這是真的嗎？

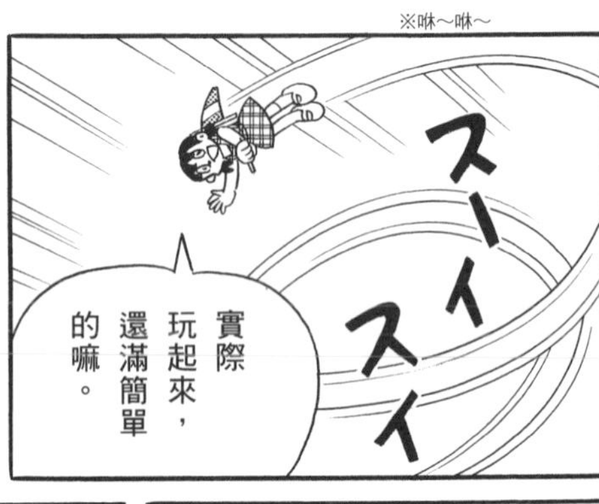

A 假的。只要是體重四十公斤以上且體力足夠者，即使是小學高年級生也能飛。

Q 人可以與動物一起搭乘飛行傘。這是真的嗎？

A 真的。飛行傘可以兩人一起搭乘，也可以和狗狗一起飛上天喔！

插圖／加藤貴夫

▲奧托・李林塔爾（1848～1896）

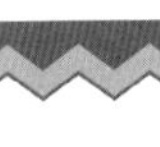

奧托・李林塔爾是全世界第一位成功飛行滑翔機的人

一八四八年出生在德國的奧托・李林塔爾，是對航空界發展做出極大貢獻的重要人物。他與弟弟古斯塔夫一起研究鳥類的飛行方式，一八九一年成功飛行滑翔機，是史上第一人。他自己建造一座小山丘，從山丘上進行兩千次左右的飛行實驗。一八九六年，他在進行飛行實驗時，不慎從十五公尺高的空中墜落，因此喪命。不過，李林塔爾做過的實驗與寫的書，啟發了知名的萊特兄弟，開啟他們進行飛機實驗的道路。如果沒有李林塔爾的實驗，現代的飛機發展史可能會有不同的歷程！

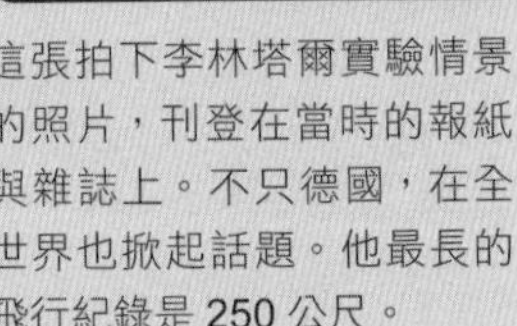

李林塔爾做實驗的情景

這張拍下李林塔爾實驗情景的照片，刊登在當時的報紙與雜誌上。不只德國，在全世界也掀起話題。他最長的飛行紀錄是 250 公尺。

影像來源／ Ottomar Anschütz via Wikimedia Commons

特別專欄

浮田幸吉是第一個在日本飛翔的人

相傳有一名日本人早在李林塔爾之前，就已經成功的在空中飛翔。他就是江戶時代中期的浮田幸吉，他出生於 1757 年，出身地是現在的岡山縣。浮田幸吉研究鳥類在空中飛翔的機制，1785 年搭乘自己建造的飛機，成功在空中翱翔。

影像提供／磐田的寶藏見聞筆記

無動力飛行的滑翔機構造

無須引擎也能在空中滑翔

滑翔機沒有引擎，其飛行方式主要有兩種。一種是與飛機相連，由飛機帶領飛上天空，稱為「飛機拖曳」。另一種則是用繩子綁住滑翔機，利用機器高速運轉的動力拉滑翔機上天，稱為「絞車拖曳」。

影像提供／AIRWORK

利用機翼產生「升力」飛上天！

升力

上方 空氣流動較快。（氣壓較低）

下方 空氣流動較慢。（氣壓較高）

▲從側面看機翼，會發現上方呈隆起狀。上下形狀的差異造成空氣流動的速度不同，飛行速度越快，兩者差異就會越大，氣壓較高的地方對氣壓較低的地方施力，進而產生將機翼往上抬的「升力」。

插圖／加藤貴夫

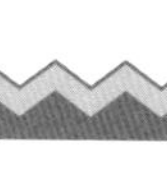

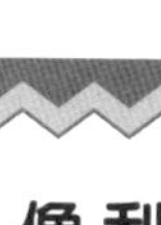

利用上升氣流 像鳥一樣翱翔天空

滑翔機雖然沒有引擎，但它巧妙的利用上升氣流，可以長時間且長距離飛行。上升氣流是由下往上吹拂的空氣，滑翔機被此氣流往上推，進而在空中飛翔，接著再慢慢往下降。

插圖／加藤貴夫

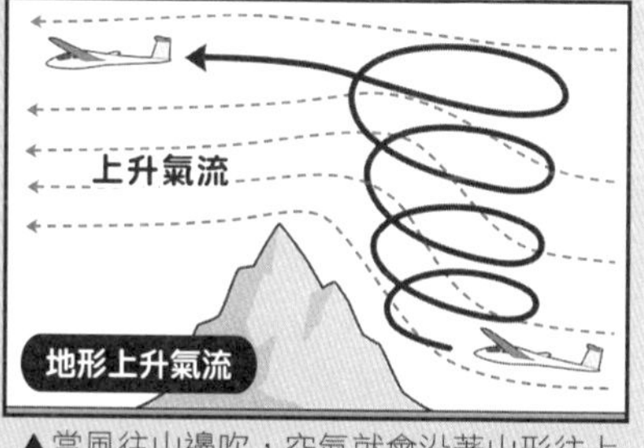

▲當風往山邊吹，空氣就會沿著山形往上升，形成上升氣流。

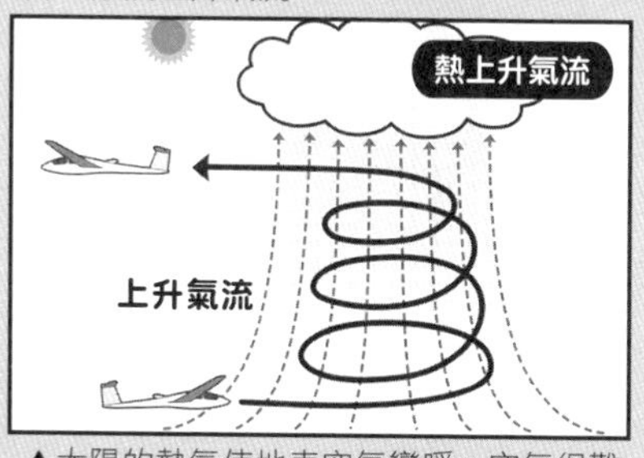

▲太陽的熱氣使地表空氣變暖，空氣很難再往上升，進而在空中形成積雨雲。

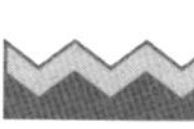

插圖／加藤貴夫

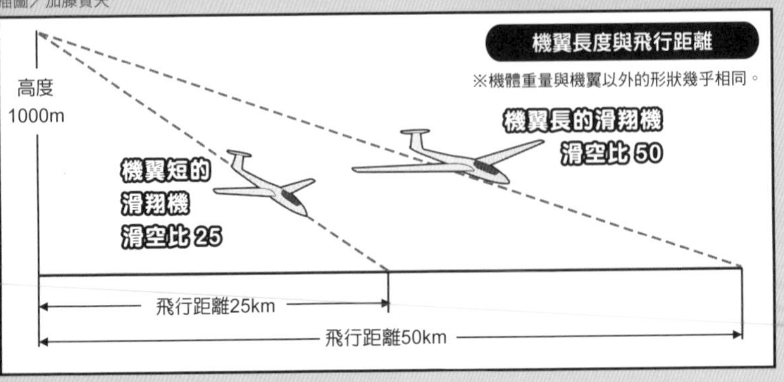

機翼越長、性能越高

滑翔機分成單人用與雙人用，機體重量為兩百到三百五十公斤，相當輕盈。為了減少飛行時的空氣阻力，機翼做得特別細長。空氣阻力越低，機體往前進的性能「滑空比」就會越大，可以飛得更遠。

可以飛多久？飛多遠？

只要好好掌握上升氣流，就能持續飛行 5～6 個小時。曾經也有人創下過連續飛行超過 70 小時的記錄。另外，飛行距離的世界紀錄是大約 3000 公里。

特別專欄

滑翔機飛行高度的世界紀錄為 2 萬 2657 公尺

2018年9月2日加壓滑翔機「佩蘭 2 號（Perlan 2）」在南美洲巴塔哥尼亞上空，創下了高度 2 萬 2657 公尺的世界紀錄。日本的紀錄是 1996 年由中村淳創下的 1 萬 1359 公尺。順帶一提，一般客機的平均高度約為 1 萬公尺。由此可證，無引擎滑翔機也能創下傲人紀錄。

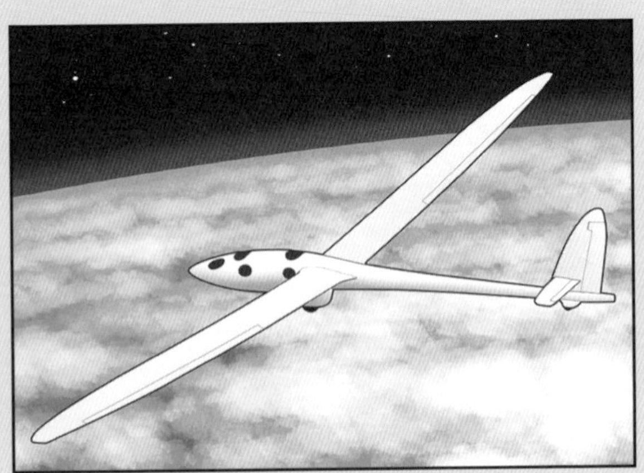

▲飛機製造商空中巴士製造的滑翔機。這是為了調查氣壓極低的平流層與臭氧層而研發出來的，為了保護飛行員的安全，駕駛艙設置「加壓」裝置，可以提高艙內氣壓。

插圖／加藤貴夫

以滑翔方式飛行的其他滑翔裝置

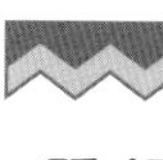

像鳥一樣感受風向飛行的懸掛式滑翔翼

懸掛式滑翔翼構造相當簡單，就只是在三角形骨架鋪上輕盈耐用的布料。飛行員會從山坡往前跑，帶著懸掛式滑翔翼一起飛出去。懸掛式滑翔翼與滑翔機一樣，都要尋找上升氣流，維持在空中滑翔的狀態。最後等到飛行速度完全降下來，就用雙腳著陸。懸掛式滑翔翼這項空中運動的優點，就是能夠像鳥一樣在空中飛翔。

影像提供／平田貴章

懸掛式滑翔翼

飛行員在飛行期間要握住橫桿，也就是用來調節機體速度的控制桿。

控制桿

吊袋

為了讓飛行員操控滑翔翼期間維持俯臥姿勢，必須使用布製吊袋輔助。

▲機體為組裝式，展開時全長約為 10 公尺，摺疊時為 5 公尺長的棍狀。可飛行 1 ～ 2 小時，速度可超過時速 100 公里。

移動身體重心就能自由控制機體方向

懸掛式滑翔翼的操控方式相當簡單，只要移動身體重心與操作控制桿，就能左右迴旋並調整速度。體重四十公斤以上且體力足夠者，連小學高年級的學生也能飛。

插圖／加藤貴夫

身體左右傾斜即可迴旋

右迴旋

左迴旋

▲想往右迴旋時，身體朝右偏；想往左迴旋時，身體朝左偏，就能讓機體朝想要的方向轉。身體重心不動就會直行。

利用控制桿加速與減速

▲將控制桿往身體方向拉，機體就會往前傾，同時加速；相反的，將控制桿往外推，機體就會往後傾，同時減速。

飛行傘是利用降落傘在空中飛翔

飛行傘是一種頗受歡迎的空中運動，先將降落傘在地面展開，飛行員往山坡外跑出去，利用降落傘受風離地往上飛。與滑翔翼一樣利用上升氣流在空中滑翔。由於降落傘必須承受前方吹過來的風才能展開並往上飛，因此無法逆風飛翔。

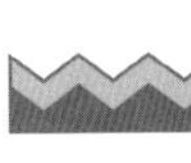

影像來源／Jim van de Burgt

飛行傘

套袋
支撐身體的墊子。近來許多套袋商品使用可以吸收衝擊力，保護身體的防護系統。

煞車繩
可以控制傘體的繩子，左右兩邊各一條。想往哪一邊飛，就拉哪一邊的繩子，操控方法相當簡單。

▲飛行速度很慢，時速只有 30 ～ 35 公里。飛行傘老手可以飛到 2000 公尺高度，移動 100 公里的距離。由於飛行傘是用繩子和布料製成，折疊後體積很小，方便攜帶。

空中運動中最受歡迎的運動項目

空中運動最大的魅力就是可以實現「像鳥一樣在天空飛翔」的夢想。據傳日本的飛行傘愛好者在國內高達兩萬五千人，可說是最受歡迎的空中運動，原因在於無論是女性、兒童或高齡長輩都能玩。即使體重超過一百公斤也可以飛，還有專門設計給輪椅使用者使用的飛行傘。

插圖／加藤貴夫

可以兩人一起玩的雙人飛行傘

▲雙人飛行傘採一前一後的排列方式，可以讓兩個人一起飛上天。由於必須承受兩個人的重量，因此翼展比一般飛行傘大。不只是人類，還能帶狗狗一起玩。

羽毛飛機

交通工具未來號Q&A

Q 直升機在空中發生引擎熄火的狀況也不會墜機。這是真的嗎？

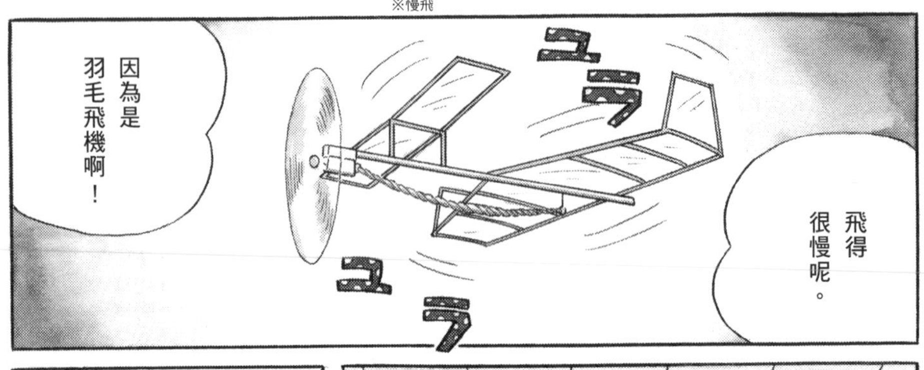

我也想要羽毛飛機啦！

好啊。

這是羽毛飛機嗎？
這很輕喔！用一根手指就可以舉起來了。

把前面的發條上緊。

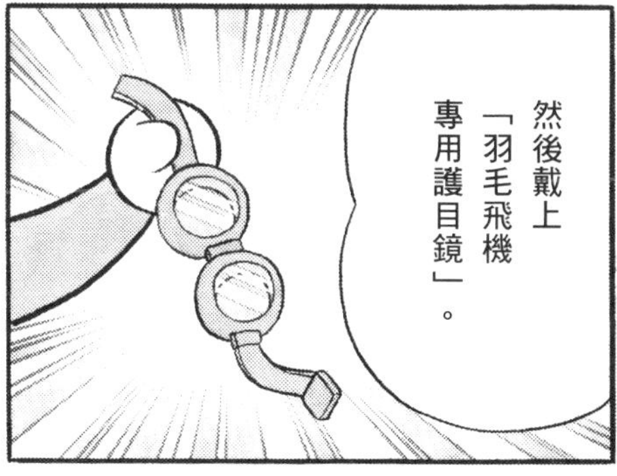

然後戴上「羽毛飛機專用護目鏡」。

身體就會變輕，然後就可以搭上羽毛飛機了。
真的嗎？

我要試試看。

A 真的。萬一不小心引擎熄火，只要調整旋翼角度，就能利用空氣阻力安全降落。

Q 飛機起飛時是逆風飛行的。這是真的嗎？

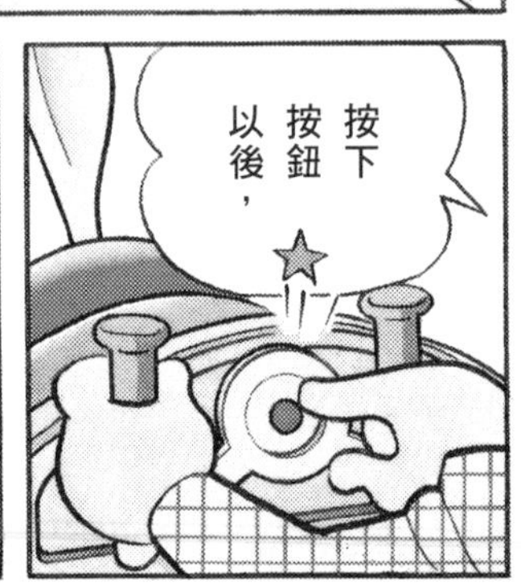

A 假的。順風越強，機翼產生的升力就越大，因此飛機都是乘著順風起飛的。

交通工具未來號Q&A

Q 第一個順利乘坐熱氣球飛行的是動物不是人。這是真的嗎？

那個已經壞掉了。
什麼嘛，真是無趣！

回去吧！

要是沒戴上這個，
身體會太重，飛機飛不起來。

好像在雲端上喔！

嗨！嗨～
也讓我們搭啊!!

啊，發條鬆了。
ピタ

※停止

A 真的。一七八三年，綿羊、雞與鴨子是成功完成「首次飛行」的動物。據說是為了確認搭乘的安全性，才以動物為實驗對象。

「萊特飛行器」是人類第一架動力飛機

萊特飛行器

影像提供／John Thomas Danies

西元一九〇三年十二月十七日，美國萊特兄弟成功完成全世界第一架動力飛機的飛行。兩人當時使用的「萊特飛行器」具有十二匹馬力的引擎、木製螺旋槳、木製骨架鋪上布料的機翼，從設計到製作皆出自萊特兄弟之手，前後試飛了四次。第一次試飛了十二秒，距離為三十七公尺；第四次飛了五十九秒，創下兩百六十公尺的飛行紀錄。

萊特兄弟開發的「萊特飛行器」

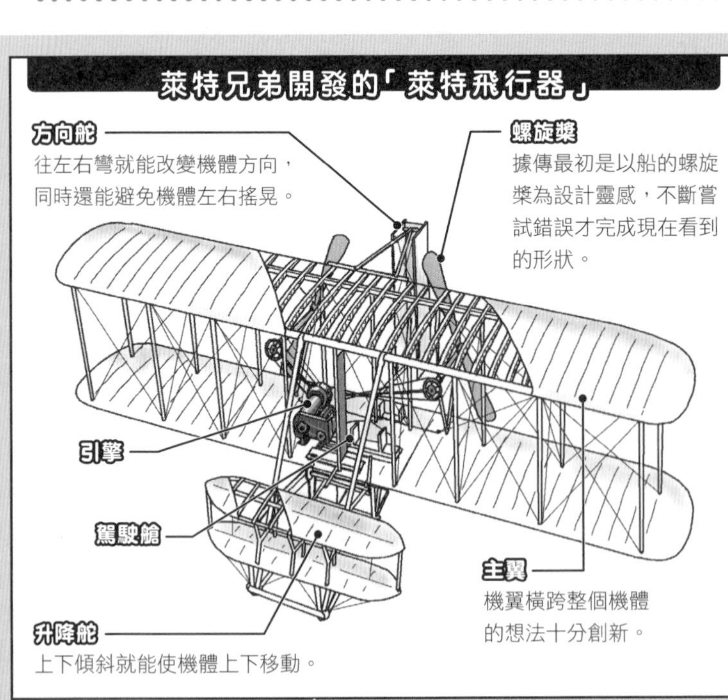

方向舵
往左右彎就能改變機體方向，同時還能避免機體左右搖晃。
螺旋槳
據傳最初是以船的螺旋槳為設計靈感，不斷嘗試錯誤才完成現在看到的形狀。
引擎
駕駛艙
主翼
機翼橫跨整個機體的想法十分創新。
升降舵
上下傾斜就能使機體上下移動。

插圖／杉山真理

跨越大海飛越大西洋上空，急速發展的飛機技術

人類史上的第一架飛機「萊特飛行器」沒有起飛和降落用的輪子，根本無法實用化。不過，幾年後想出了利用副翼轉彎的方法，還安裝了輪子，設計出與現代幾乎一樣的機體。

一九一〇年代研發出杜拉鋁製機體，可以高速且長距離飛行的飛機，逐漸用來運送郵件和旅客。不僅如此，歷經多次戰爭的洗禮，各國爭相開發戰鬥機，也強化了飛機的高性能。

插圖／杉山真理

福克 Dr. I戰鬥機

▲第一次世界大戰使用的戰鬥機，三個機翼具有優越的上升力和運動性能。

瑞恩 NYP（聖路易精神號）

▲美國人查爾斯．林白成功駕駛飛機，完成單人不著陸飛行橫跨大西洋（5809 公里）的創舉。

插圖／杉山真理

特別專欄

日本首次動力飛行！在 70 公尺空中飛行 3000 公尺！

日本首次完成動力飛機飛行的創舉，是在萊特兄弟首次飛行的 7 年後，也就是 1910 年。

根據官方文件，德川好敏上尉駕駛「亨利．法爾曼」雙翼機在代代木練兵場創下在 70 公尺高空飛行 3000 公尺的紀錄。亨利．法爾曼雙翼機是由同名的法國飛行員設計製造的飛機，在主翼加裝副翼，可使飛行狀態穩定，加上機體很好操控，因此這架飛機在當時受到全球的青睞。

德川上尉完成首次飛行後，他所駕駛的亨利．法爾曼雙翼機就留在日本第一座機場「所澤飛行場」（現為所澤航空紀念公園）從事飛行訓練。日本以此機體為基礎，製造出第一架國產飛機「會式一號機」，經過不斷改良，一直研發到七號機。

德川上尉從法國帶回來的亨利．法爾曼雙翼機，至今仍保留部分機體。

攝影／平田貴章　拍攝協助／所澤航空發祥紀念館

直升機的發明來自竹蜻蜓

插圖／杉山真理

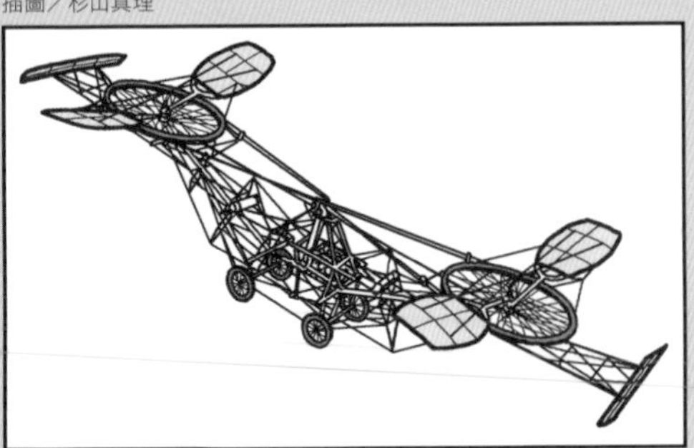

▲科爾尼原本是自行車店老闆，他將自行車胎做成旋翼，做出了一架直升機，完成了首次飛行。

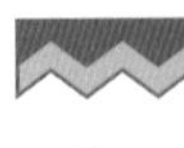

一九〇七年 載人直升機首次升空！

人類自古就有直升機飛上天的想法，大家熟知的兒童玩具「竹蜻蜓」，早在兩千四百年前就已經存在。直到一九〇七年，法國人保羅・科爾尼真正實現了人類自古的想法，讓最早的直升機成功飛行。雖然當時的飛行高度不到兩公尺，而且大約只飛了二十秒，但經過漫長歲月的研發，數十年之後，才真正開發出能載人長久飛行的直升機。

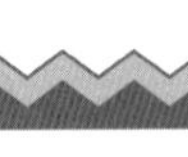

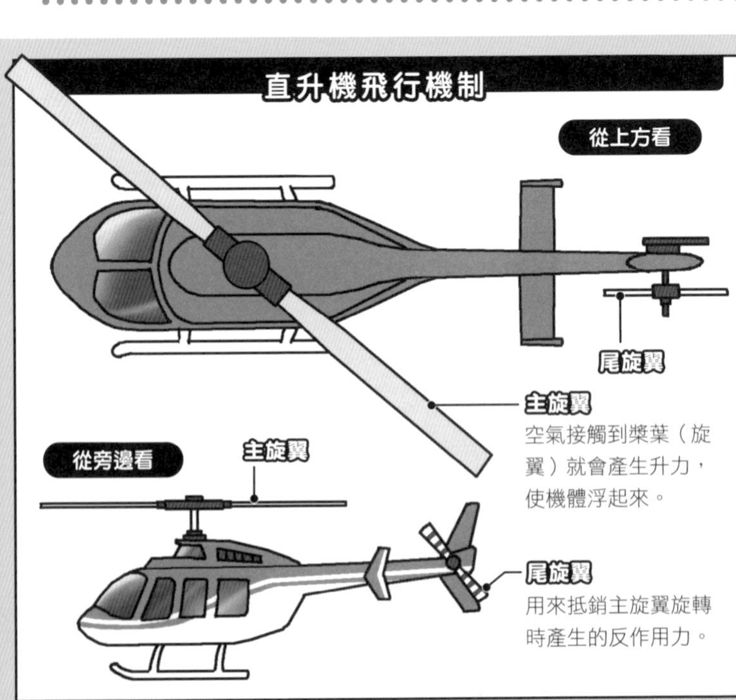

插圖／杉山真理

直升機的旋翼位置各有不同

直升機需要兩個旋翼才能穩定飛行，如果只有一個旋翼，當旋翼轉動時，機體就會承受來自相反方向的力量，使飛機原地打轉。

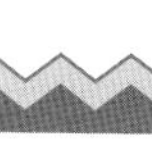

兩個旋翼的其中之一，就是用來抵銷來自相反方向的力量（稱為反作用力）。

一般的直升機利用機體後方的尾旋翼，抵銷主旋翼產生的反作用力。有些直升機的機型使用兩個同樣大小的主旋翼，分別往兩個方向旋轉，發揮相同作用。

攝影／平田貴章　拍攝協助／日本航空科學博物館

同軸反轉式旋翼直升機

▲主旋翼配置在同軸的上下方，可以縮短機體長度，容易搭載在船隻上。

影像來源／ Andrew Schmidt via Wikimedia Commons

插圖／杉山真理

縱列旋翼直升機

▲前後配置主旋翼，適合放大機體與搬運重物。

插圖／杉山真理

影像來源／ Cpl. Johnson, USMC via Wikimedia Commons

交差反轉式旋翼直升機

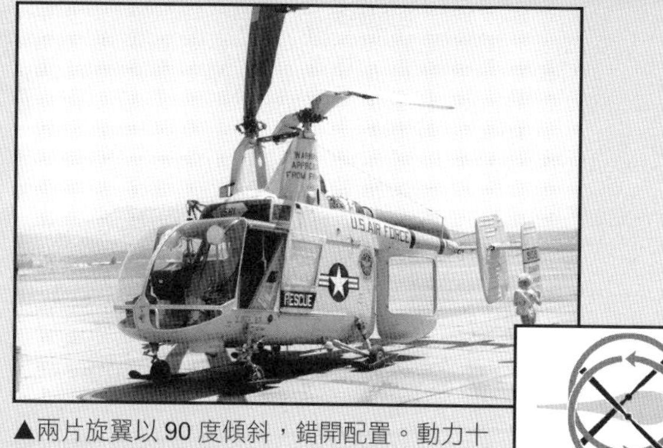

▲兩片旋翼以 90 度傾斜，錯開配置。動力十足，飛起來也很安靜。

插圖／杉山真理

飛行船以空氣為錨，控制飛行姿勢

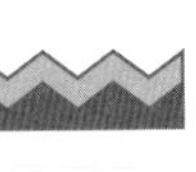

飛行船是二十世紀初最受歡迎的空中交通工具

飛行船是利用比空氣輕的氣體浮力升空，並利用引擎推動力飛行。飛行船的歷史起源於氣球。一七八三年，裝滿氣體的載人氣球首次順利飛行。後來人們開始研究在氣球加裝動力與螺旋槳的操控方法，成功打造出飛行船。飛行船在二十世紀初進入全盛期，一九二九年，全長約兩百三十六公尺的巨型飛行船「齊柏林伯爵號」成功繞行地球一周，途中也曾在日本停留。

遺憾的是，一九三七年發生「興登堡號」爆炸起火的興登堡號空難事件。發生意外的原因不明，由於當時使用氫氣作為上升氣體，因此一般認為氫氣是造成嚴重空難的主因。發生這起事故之後，民眾對於飛行船的安全性產生極大不信任感，也讓飛行船的黃金時代宣告落幕。不過，近年來改用不易燃的氦氣，使飛行船又受到大眾注目。

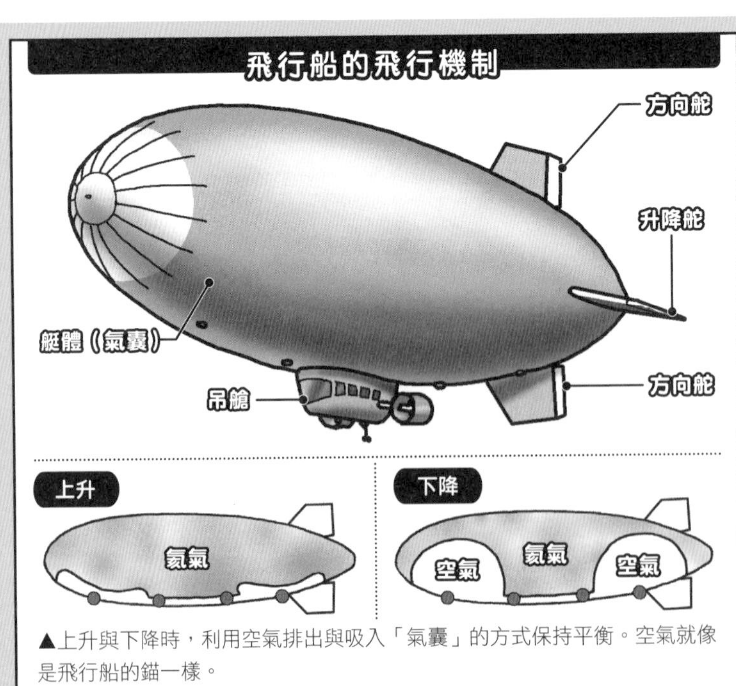

▲上升與下降時，利用空氣排出與吸入「氣囊」的方式保持平衡。空氣就像是飛行船的錨一樣。

插圖／杉山真理

大雄的太空梭

※喀嚓喀嚓

※呲～

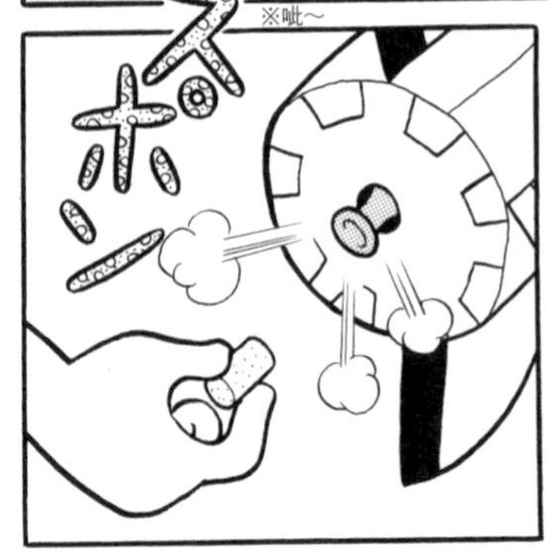

交通工具未來號Q&A

Q 駕駛國際線客機的正駕駛與副駕駛，兩人吃的餐點不同。這是真的嗎？

A 真的。這是為了避免食物中毒等緊急事件的發生，正駕駛與副駕駛在出發前吃的食物也不一樣。

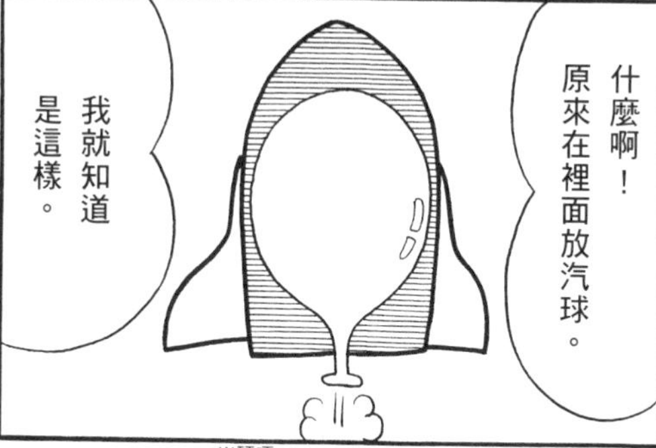

交通工具未來號Q&A

Q 稱為「外太空」的地方是高度多少公里以上的高空？①十公里 ②一百公里 ③五百公里

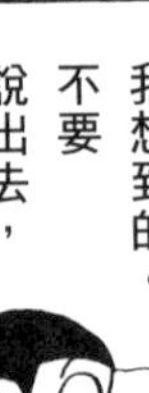
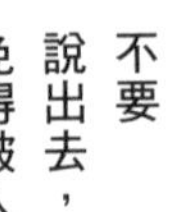
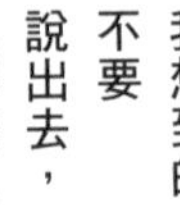

用氣球上宇宙!?
這是我想到的。不要說出去，免得被人抄襲。
※嘻嘻嘻、哈哈哈

※啊哈哈、哈哈哈

好好笑喔。
反正我就是大笨蛋。

像我這種人最好不要妄想發明，還是睡覺最好。

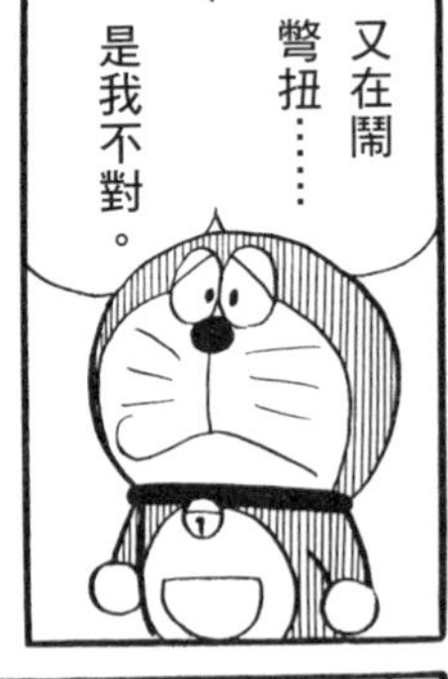

又在鬧彆扭……
是我不對。

那至少讓你玩玩火箭吧！

「火箭吹管」。

將它含在嘴裡吹氣可以噴射出火箭般的推力，
控制好吹氣的強弱及方向就可以自由在空中飛翔。

A ②一百公里。這是國際航空聯盟（FAI）訂定的國際規範。美國空軍將高度八十公里以上定義為外太空。

交通工具未來號Q&A

Q 大型客機必須靠人工清洗。這是真的嗎？

※呼

フウ

怎麼會這樣～

有事嗎？

不，沒事。

好像火箭飛到空中了。

哇！

那再見囉。

A 真的。為了避免水氣滲進機體的感應器與動力裝置，必須靠人工，用雙手清洗。通常由十幾人花幾個小時清洗完成。

Q 為什麼飛機大多是白色的？①因為便宜 ②因為好看

A ①因為便宜。可以省下塗裝費用，還能反射陽光，節省冷氣費用，好處多多。

Q 過去曾經出現過一種客機，飛行速度超越音速。這是真的嗎？

喔，「火箭吹管」？
聽起來很有趣呢！

我們就用這個製作真的火箭吧。
咦？

做成這樣……

只要對著各個方向的吹管吹氣。

姿勢控制火箭

逆噴射火箭

就能自由在空中飛翔了。

上升用火箭

前進用火箭

A 真的。那是由英國與法國共同開發的協和號客機，受到太過耗油與噪音問題等影響，在二〇〇三年終止營運。

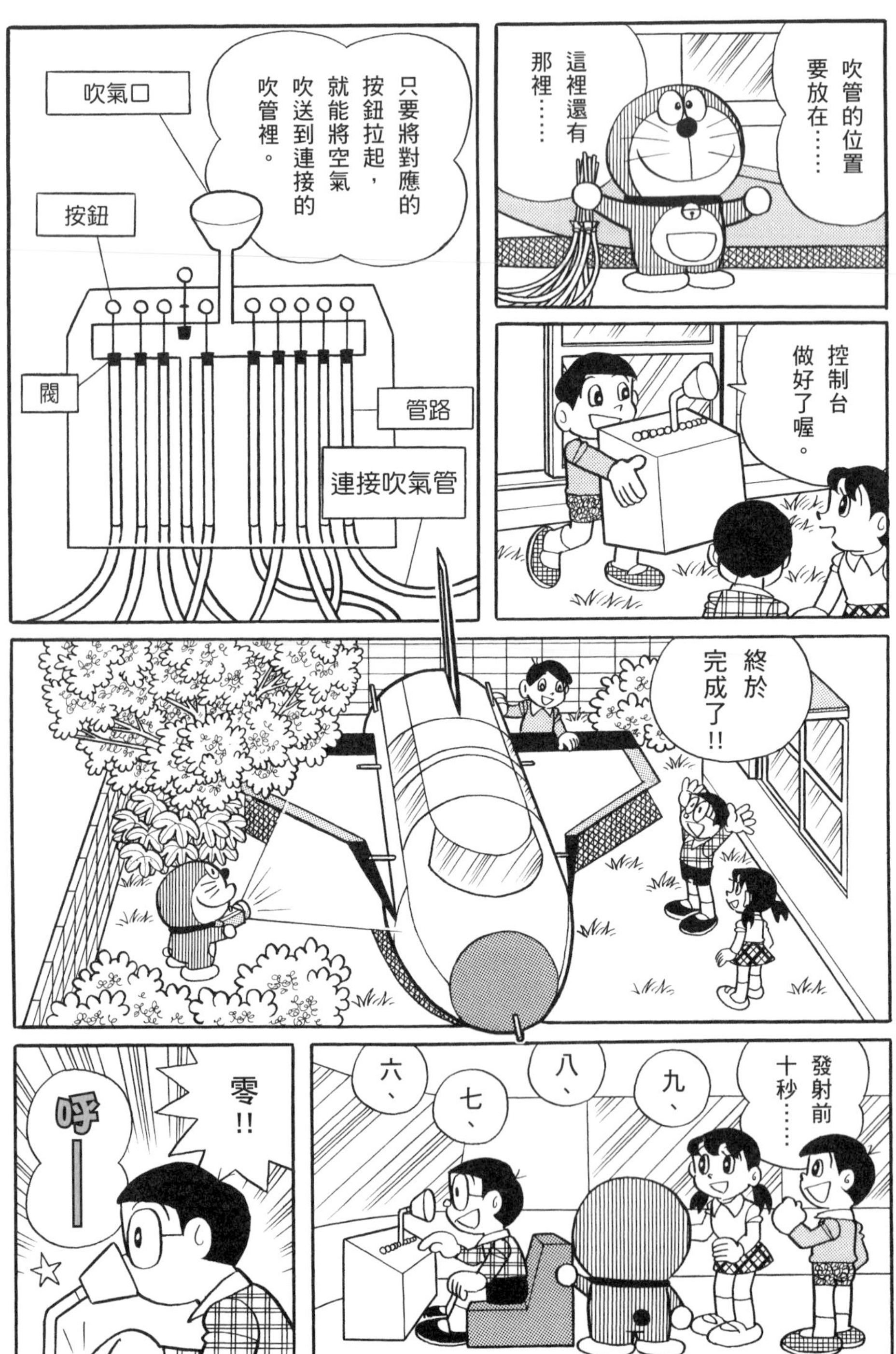

交通工具未來號Q&A

Q 下列哪一項是實際存在於機場的工作？①驅鳥員 ②驅牛員

※浮起

A 驅鳥員。為了避免鳥類進入機場跑道，驅鳥員拿著霰彈槍發射空包彈，將小鳥嚇走。

飛起來了。

要掉下去啦。
不能中途停止吹氣啊。

我們成功了!!

輪流著吹吧！

接著，
我們要去哪裡呢？

當然是宇宙囉！

開什麼玩笑！
這艘火箭沒有堅固到足以飛上真空的宇宙。

那麼到學校後山去吧。
出木杉，往右飛行。

太空梭原本就是為了去別的星球才做出的火箭不是嗎？

一定是大雄跟哆啦A夢!!

跟過去看看。

Q 螺旋槳客機與噴射客機，那一種較容易縮短滑行距離？①螺旋槳客機 ②噴射客機

A

①螺旋槳客機。一般來說，螺旋槳客機一旦啟動螺旋槳就能獲得推力。

※減速

※著地

交通工具未來號Q&A

Q 不依靠化石燃料的「電動飛機」已經發展出來了。這是真的嗎？

A 真的。光靠太陽能電池成功繞行世界一周的「陽光動力號」，正在往實用化目標邁進！

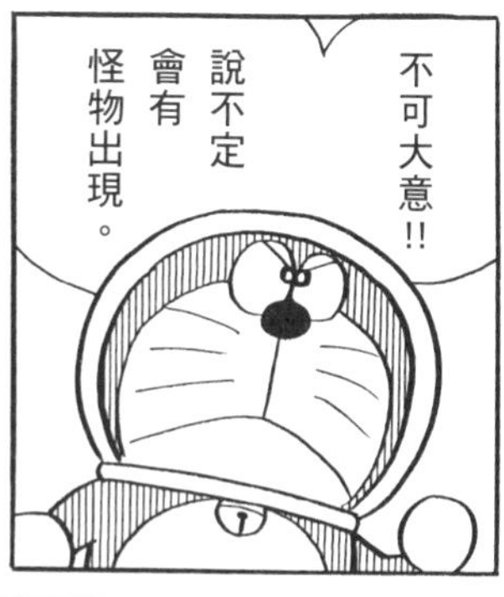

不可大意!!
說不定會有怪物出現。

想太多了，這裡是學校後山耶。

不要破壞氣氛啊。

這裡是大宇宙。
初次抵達的星球!!

啊！大家快看那裡!!

是城鎮!!
這星球有外星人居住啊!!

是外星人……

雷射槍呢!?

等等！先和他交談看看。

不知道語言是否能通？

我們是從名為地球的行星來的。

你聽得懂我們的話嗎？

不要玩這種無聊的遊戲，
快回去讀書！
好像是老師。
遇到無趣的人。

交通工具未來號Q&A

Q 在外太空飛行的太空船不需要下列哪項裝置？①引擎 ②機翼 ③燃料

A ②機翼。外太空沒有空氣，無法產生升力。太空梭的機翼是為了返回地球時滑行之用。

※黏～

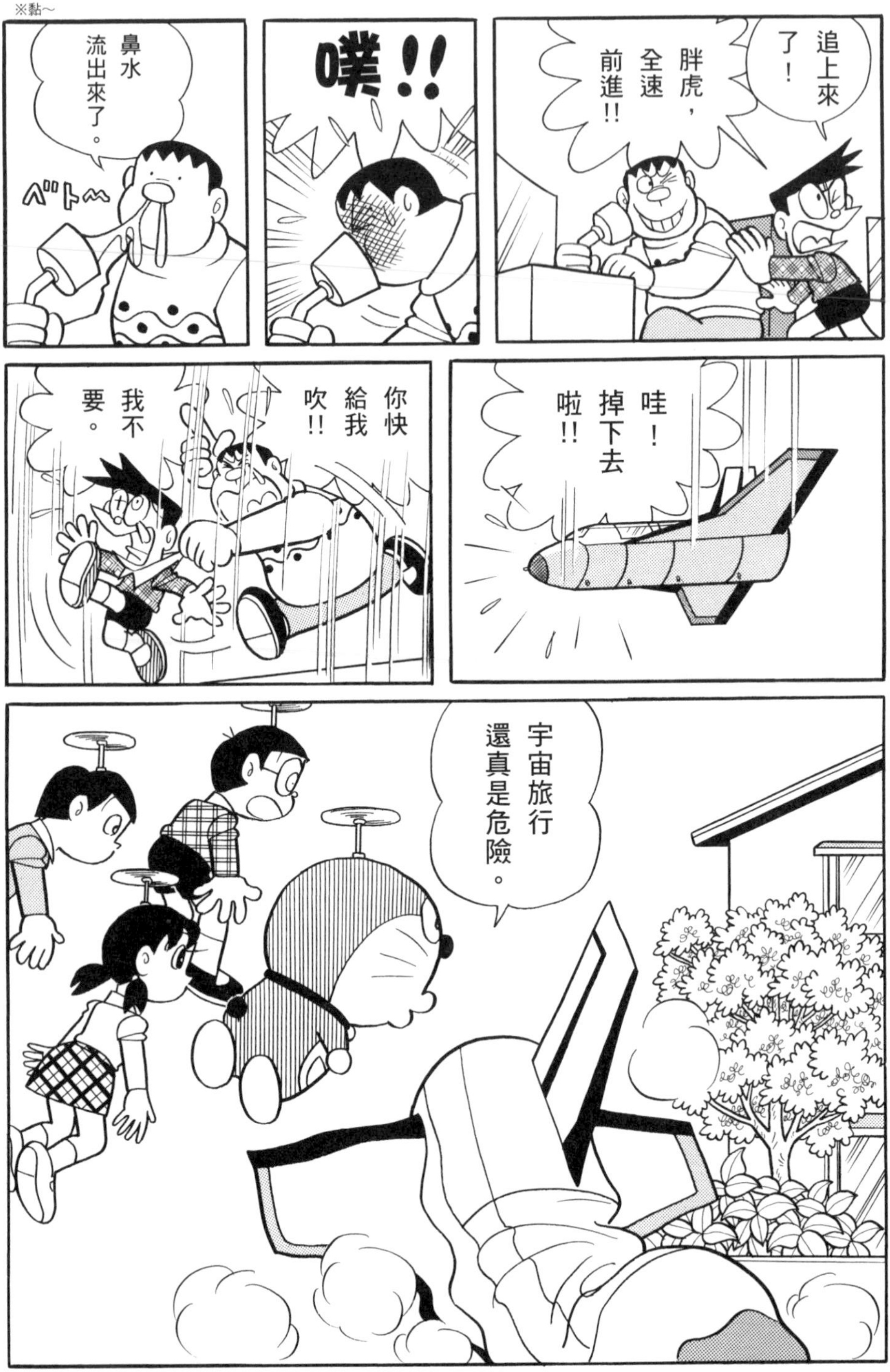

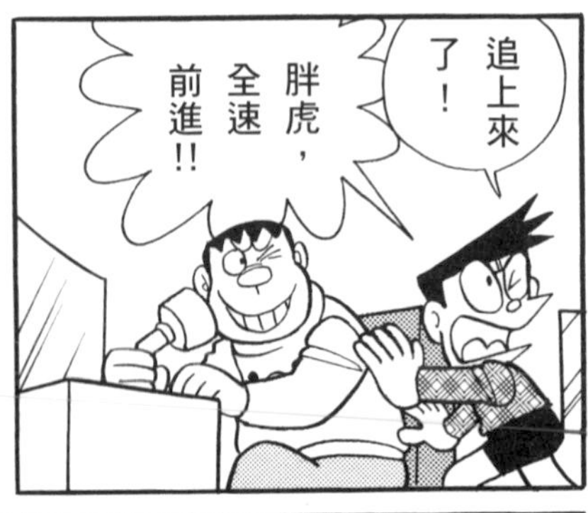

追上來了！
胖虎，全速前進!!

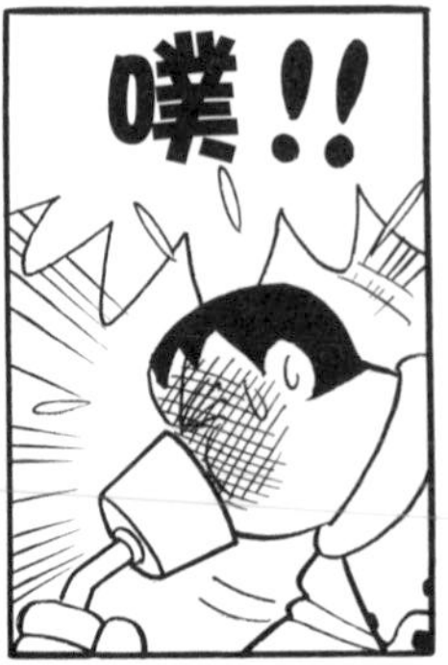

噗!!

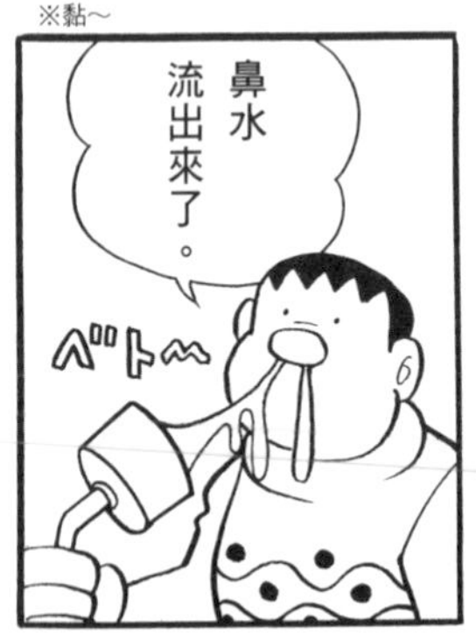

鼻水流出來了。
ベト～

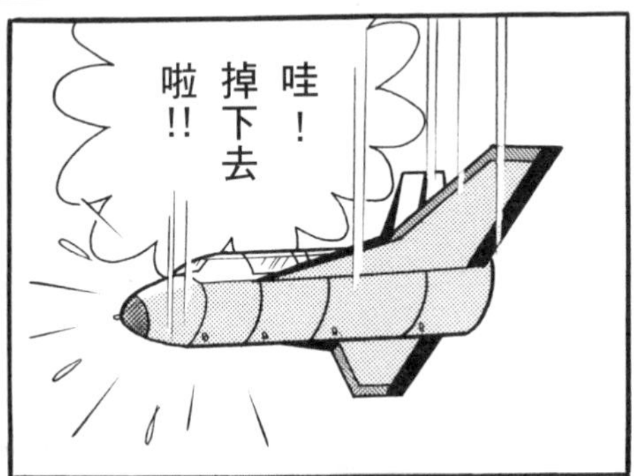

哇！掉下去啦!!

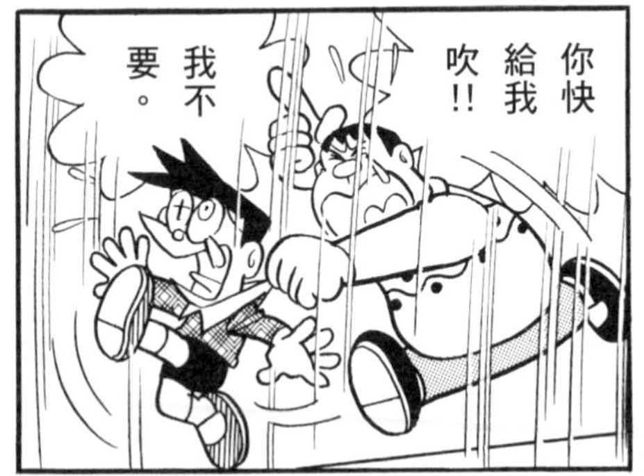

你快給我吹!!
我不要。

宇宙旅行還真是危險。

讓飛機飛行的四種力

「力的平衡」是飛機穩定飛行的必要條件

大型噴射客機在載滿乘客與燃料飛行時，重量約可達三百五十公噸。若換算成汽車的重量，竟然超過兩百三十輛！要讓這個又大又重的機體浮起來，必須靠空氣的力量。

飛機是靠引擎的推力讓機體往前進，而機翼遇到風就會產生升力。當升力超過地球重力時，機體就能夠浮起來。

當機體往上升，速度越來越快，就會產生空氣阻力（抗力），阻止飛機往前進。此時如果要讓機體繼續往前進，引擎的推進力必須超過阻力才行。而且若想維持相同高度持續飛行，升力與重力的平衡相當重要。

創造升力與阻力的空氣力和引擎的推進力之間的調整與平衡，讓飛機能維持飛行狀態。

飛行中的飛機承受的四種力

推力
將物體往前推進的力量。飛機往前進時，機翼就會創造空氣流動，產生升力。

升力
當空氣從機翼前方往後方流動，就會產生將物體抬起來的升力。（請參照 P115）

重力
往地球中心吸引的力。若要讓飛機飛起來，升力必須大過重力。

阻力
將機體往後推的力。飛機遇到的阻力就是空氣阻力。

影像來源／余亞瑟 via Wikimedia Commons

大型客機的內部如何規劃？

攝影／平田貴章　拍攝協助／日本航空科學博物館

▲為了避免飛行期間機長身體出問題，在正駕駛座的右邊設置了幾乎完全相同的儀表板。

操控巨大機體的裝置與機器

有別於在馬路或軌道上行走的交通工具，飛機很難在空中掌握該飛多高，以及該以什麼姿勢往何處飛？

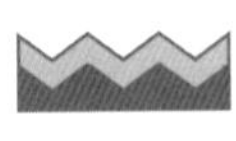

飛機駕駛艙有許多儀器，方便機師解讀各種資訊。

以前的飛機是由纜線連接操縱桿與踏板，由機師（飛行員）操控，轉動方向舵，控制機體。現代的機體則是由電子訊號

客機圖解～波音787～

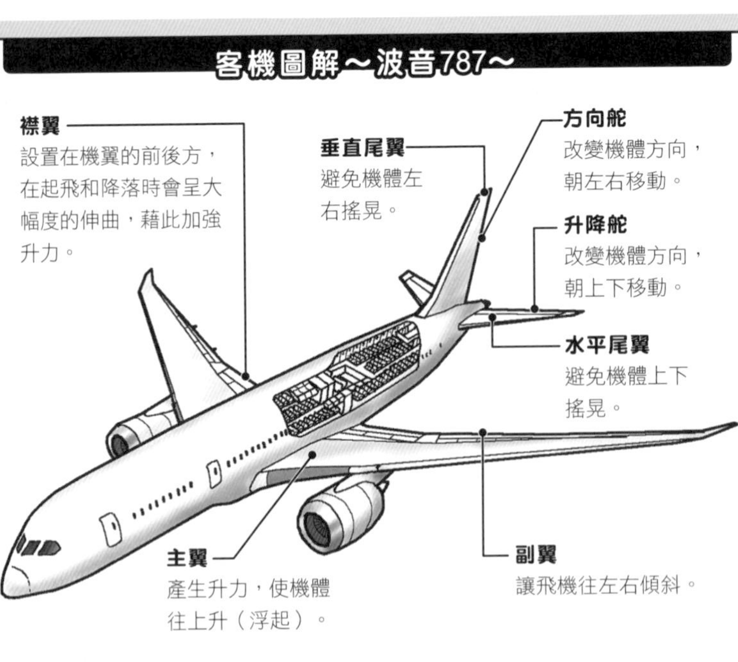

襟翼
設置在機翼的前後方，在起飛和降落時會呈大幅度的伸曲，藉此加強升力。
垂直尾翼
避免機體左右搖晃。
方向舵
改變機體方向，朝左右移動。
升降舵
改變機體方向，朝上下移動。
水平尾翼
避免機體上下搖晃。
主翼
產生升力，使機體往上升（浮起）。
副翼
讓飛機往左右傾斜。

插圖／杉山真理

取代機師的手動操控，導入「電傳飛操系統」，直接向油壓裝置（漿液壓鎖在液壓缸內，將小的力轉換成大的力）下達指令。

此外，噴射機是由噴射引擎產生的力來啟動機體上的各種裝置。噴射引擎傳送出來的空氣，除了使用在機內的換氣、冷暖氣與加壓等用途之外，一部分則轉換成電能。

攝影／平田貴章　拍攝協助／日本航空科學博物館

▲機體使用鋁合金，既可保持強度，也能實現輕量化。

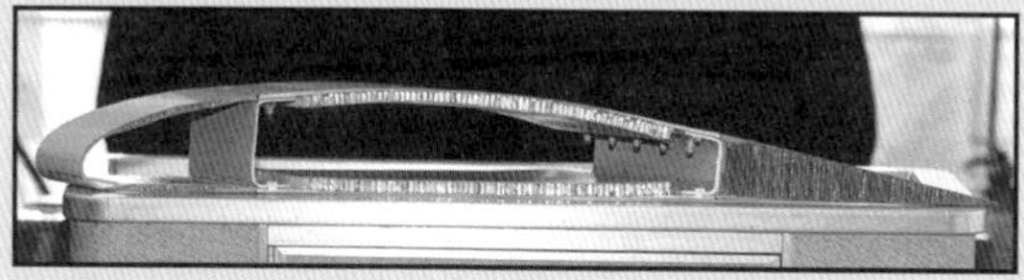

▲將客機襟翼切成圓片後的模樣。中空形狀相當輕盈，十分堅固耐用。

攝影／平田貴章　拍攝協助／日本航空科學博物館

特別專欄

油箱在機翼裡

客機需要長時間不停的飛，每次飛行都會載運大量燃料。以日本成田到美國紐約的航程（飛行距離約 1 萬 6200 公里）為例，大約需要 750 桶 200 公升的桶裝汽油。

儲存汽油的油箱在主翼裡，尾翼還有備用油箱。

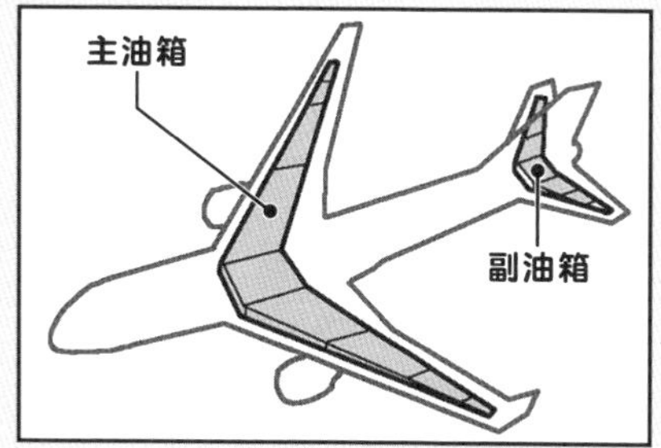

插圖／杉山真理

高度有三層樓的「波音 747」

這是被暱稱為「巨型噴射機」的波音 747 的剖面圖，曾經是全世界最大的民航客機。

攝影／平田貴章　拍攝協助／日本航空科學博物館

讓客機飛行的噴射引擎

影像來源／Tino "Scorpi" Keitel, Bearbeiter: Johann H. Addicks jha, via Wikimedia Commons

▲空中巴士 A380 是目前全世界最大的客機，也是停降日本機場的客機中，唯一有四具引擎的機型。

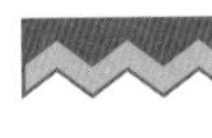

即使一具引擎故障依舊可以繼續飛

過去的巨型噴射客機總共有四具引擎，近年來受惠於引擎性能與可靠度的雙雙提升，現在都是以左右各一具引擎的「雙發機」為主流。客機的設計都是即使當中的一具引擎故障，只靠剩下的引擎也能夠維持飛行一段時間。雙發機只有兩具引擎，當其中一具故障，就必須單靠另一具飛行。目前最新的機種，可以光靠單邊引擎飛行超過五小時。

噴射引擎是飛機的「心臟」

壓縮進入引擎內部的空氣，經過高溫、高壓處理，轉化為容易燃燒的氣體。接著將氣體混合燃料，經由燃燒產生高速噴射氣體，形成推力。

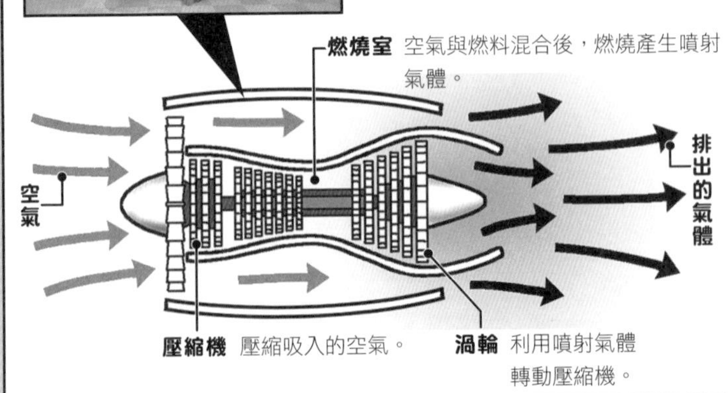

燃燒室 空氣與燃料混合後，燃燒產生噴射氣體。
空氣
排出的氣體
壓縮機 壓縮吸入的空氣。
渦輪 利用噴射氣體轉動壓縮機。

攝影／平田貴章　拍攝協助／日本航空科學博物館

插圖／杉山真理

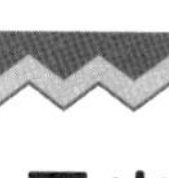

火箭對抗重力，飛上外太空

火箭與飛機兩者的差異

火箭可以將人與物品送上高度超過一百公里以外的外太空。

飛機是利用空氣流動產生的升力飛行，無論是噴射引擎、螺旋槳飛機的引擎或者是活塞引擎，都是從周遭吸入空氣（氧氣）來進行燃燒。也就是說，飛機無法飛上外太空。

另一方面，火箭光靠引擎推力就能對抗重力，飛上外太空。為了讓引擎在沒有空氣的外太空也能夠持續運轉，火箭必須帶著汽油和氧氣一起飛。

火箭的引擎需要大量燃料才能持續產生極大推力，因此火箭箭體的重量幾乎全部來自於燃料。本體的重量大概只占一成，差不多與雞蛋中的蛋白蛋黃和蛋殼的比例相同。

影像提供／SpaceX

獵鷹 9 號運載火箭

▲由美國 SpaceX 公司研究開發，最初是為了將大型貨物和載人太空船送上太空而研發。

火箭的飛行機制

油箱裡的氧化劑（產生氧氣的物質）與燃料，在「燃燒室」混合燃燒，燃燒後的氣體產生推力。原理就跟放開充飽氣的氣球，空氣噴出的同時，氣球也會往外飛出一樣。

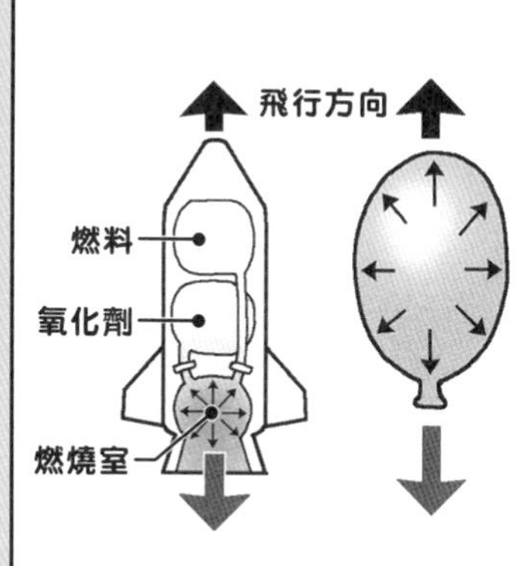

插圖／杉山真理

太空的商業載人計畫與火箭發展進化

影像提供／NASA

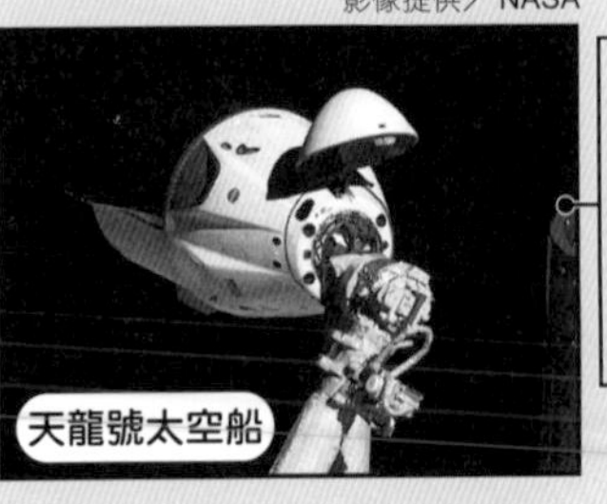

▲最多可搭載 7 人，是第一艘登上國際太空站的民間企業載人太空船。返回地球後，機體可回收再利用。

2020 年 11 月，天龍號太空船出發飛往 ISS（國際太空站）。天龍號太空船與發射時使用的獵鷹 9 號運載火箭，都是由美國民營企業 SpaceX 開發的。NASA（美國太空總署）將這一次 SpaceX 載人 1 號任務，視為太空商業載人計畫的第一步。

包括 SpaceX 在內，許多企業紛紛展開太空商業計畫，美國維珍銀河公司開發的太空船 2 號就是例子之一。

現在外太空只有經過特別訓練的人才能去，不過，等到各位都變成大人之後，或許人人都能上太空。

太空船 2 號

搭載 2 名駕駛員和 6 名乘客，可到達「外太空入口」，也就是 100 公里的高空。在外太空待的時間只有幾分鐘。

影像提供／時事／維珍銀河

太空梭（美國）

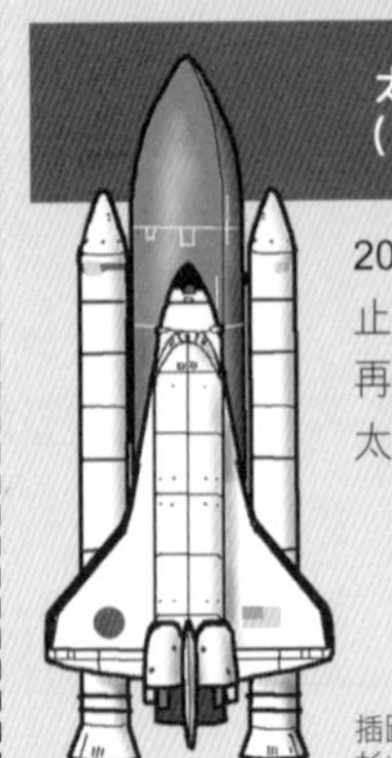

2011 年停止使用的再利用型太空船。

插圖／杉山真理

聯合系列運載火箭（俄羅斯）

自 1973 年首次發射以來，備受信賴，至今仍在使用。

插圖／杉山真理

獵鷹 9 號運載火箭（美國）

第一節推進器在發射後可以回收再利用，有效降低每次的發射費用。

插圖／杉山真理

防水摺紙
※呼呼
フウ
フウ
※呼、呼、呼
フウ
フウ
フウ

Q 日本江戶時代初期是誰以帆船派遣使者至西班牙和羅馬？①德川家康 ②伊達政宗 ③真田幸村

呼～呼～
我贏了。
累死了……
感覺好無聊喔。

不是真正的帆船根本不好玩嘛。

現在小夫他們大概在山林裡的湖泊搭帆船吧？
好羨慕喔。

那我們也一起去吧。去搭帆船。

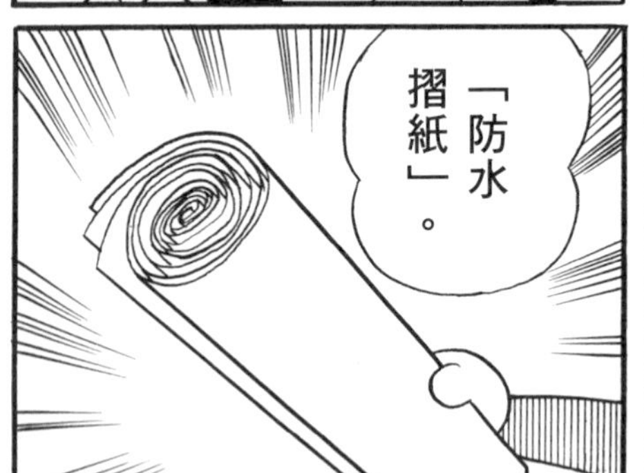

「防水摺紙」。

這種紙沾到水也不會破掉。
用這個可以做出真正的船喔。
一起去玩吧。

哇～好寬廣。
在這麼漂亮的湖上搭帆船一定很愉快。

來摺一艘大船吧。

比比看誰比較快。

風勢不錯，跑得很快呢。
再快一點、再快一點。

A

②伊達政宗。仙台藩的藩主伊達政宗派遣家臣支倉常長與西班牙傳教士為使節，前往西班牙和羅馬，史稱「慶長遣歐使節」。

Q 一九六二年，堀江謙一駕駛小型帆船成功橫渡太平洋，大約花了幾天？
① 30
② 60
③ 90

A ③大約90天。他駕駛的帆船長度不滿六公尺，這是全世界第一次人類獨自駕駛小型帆船，在不靠港的狀況下橫渡太平洋。

Q 在美洲盃帆船賽中，獲得最多次冠軍的是哪個國家？①美國 ②紐西蘭 ③日本

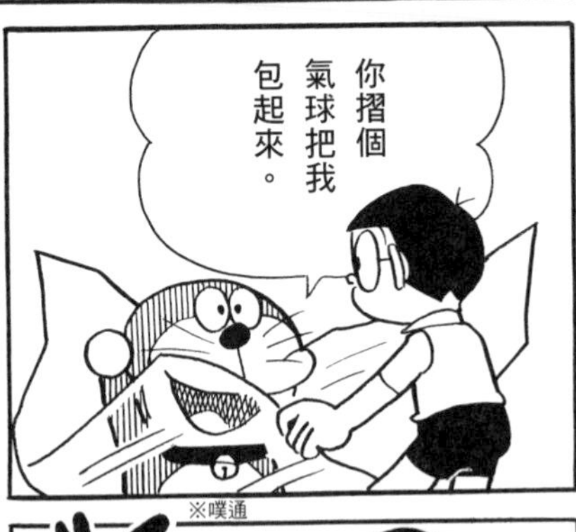

太好了，他醒了。

我們用所有的紙來摺一艘大船吧。
好主意。

看我們的遊覽船。

A ①美國。從一八七〇年第一屆到一九八〇年第二十四屆大賽，創下連續二十四連勝的紀錄。

船舶自古就負責運送人和貨物

從古埃及時代就有帆船

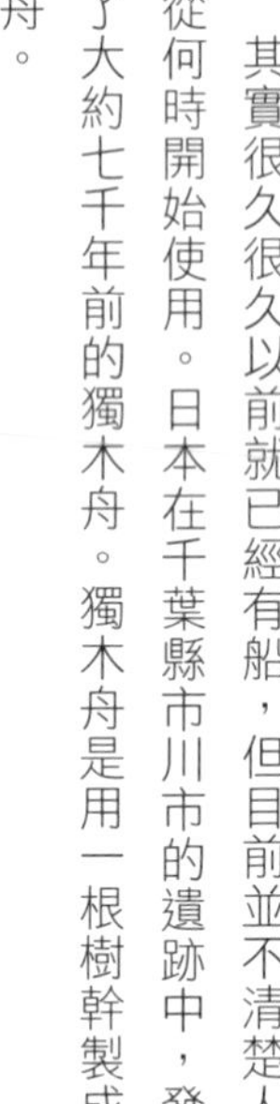

其實很久很久以前就已經有船，但目前並不清楚人類從何時開始使用。日本在千葉縣市川市的遺跡中，發現了大約七千年前的獨木舟。獨木舟是用一根樹幹製成的舟。

影像提供／日本船之科學館

古夫法老的「太陽船」

▲相傳這是西元前 2500 年左右，為當時的古夫法老（王）建造的船。

根據資料記載，古埃及時代就已經有帆船。大約在西元前二四八〇年的法老墳墓裡，壁畫上也有架著帆的船。二十世紀後半，在埃及吉薩金字塔附近發現的古夫法老「太陽船」也很有名。

爲什麼船可以持續發展好幾千年？

若要大量運送體積大、重量重的物品，船舶是人們最常選擇的一種方法，這也是它持續發展好幾千年的原因。

古埃及的神殿都有高聳的方尖碑，這些以石塊製成的方尖碑，就是用船運送的。西元前二四〇〇年左右的埃及女王祭殿裡，有一幅使用浮雕技法的繪畫，畫著用船運送方尖碑的情景。沒想到在那麼久遠的年代，人類就已經有能力運送如此沉重的龐然大物，著實令人驚歎。

▼使用浮雕技法的繪畫，用小舟牽引著大船。

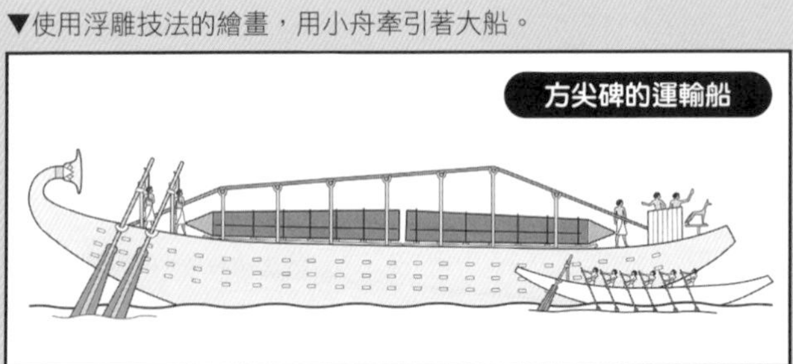

插圖／加藤貴夫

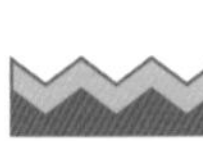

在十世紀之前，維京人一直活躍於北歐

從西元八〇〇年到一〇五〇年左右，有一群被稱為「維京人」的海盜十分猖獗。他們搭船往來於歐洲各地進行交易，有時還會襲擊其他船隻，掠奪船上物資。

維京人使用「橫帆」船，橫帆指的是利用連結船首與船尾的繩索，固定垂直張開的四邊形風帆。

橫帆船從古埃及時代使用到現在，擁有可充分受風、能夠長距離高速前進的特性。維京人的船有各種形狀，大致都是前後對稱，可以輕鬆前進或後退。

影像提供／日本船之科學館

維京人的船

▲除了可靠風力前進之外，也能一群人用船槳划。

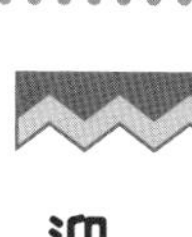

「縱向」三角帆登場，迎著風就能往前走

橫帆船的時代維持了很長一段時間，直到九世紀的歐洲才出現結構與橫帆不同的「縱帆」，於十五世紀普及於世界各地。

縱帆通常是將風帆架在桅桿單側，呈三角形，特色是迎風比逆風更容易往前進。不僅擁有橫帆的超強推力，還能完成細膩的操作，可以改變船隻方向。

插圖／加藤貴夫

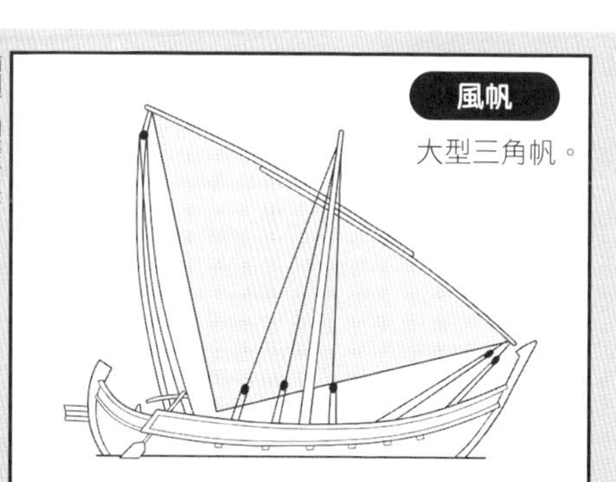

風帆

大型三角帆。

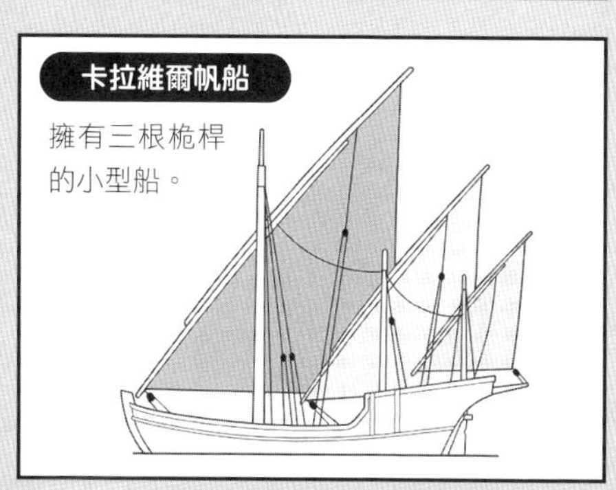

卡拉維爾帆船

擁有三根桅桿的小型船。

大航海時代後，帆船體積越來越大

自哥倫布時代之後　人類可以長時間航海

十五世紀中期之後，許多來自葡萄牙和西班牙的探險家航向世界各地，後來稱為「大航海時代」。

哥倫布橫渡大西洋，首次抵達美洲大陸時所搭乘的「克拉克帆船」聖瑪利亞號相當的有名。克拉克帆船主要有三根桅桿，是由橫帆與縱帆交錯組成的大型船。不僅速度快，也容易掌舵，還能裝載許多貨物，可以長時間且自由的在大洋上航行。

影像提供／日本船之科學館

聖瑪利亞號

▲哥倫布航海時使用的三艘船的其中之一。

時序進到十六世紀，麥哲倫率領由五艘船艦組成的艦隊，使用更大、更穩定的克拉克帆船出航，其中一艘完成了環遊世界一周的創舉。

到了十六世紀後期，更出現了設置有四、五根桅桿的大型帆船「蓋倫帆船」。蓋倫帆船除從事貿易之外，還可以在甲板上設置多門大砲，當成軍艦使用。

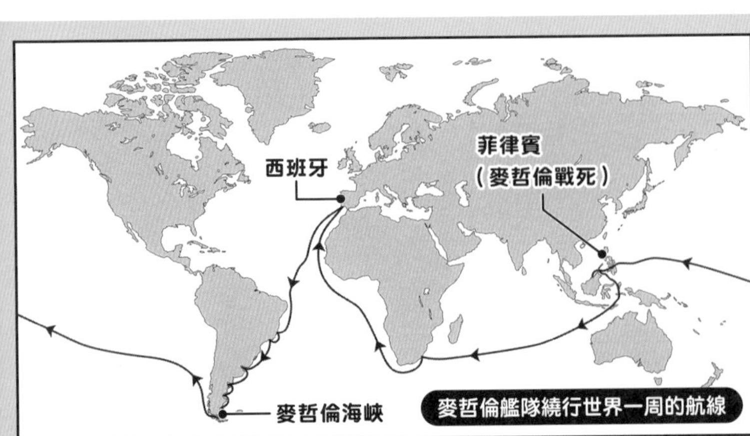

麥哲倫艦隊繞行世界一周的航線

插圖／加藤貴夫

影像提供／日本獨立行政法人海技教育機構

▲四根桅桿。高度最高 43.5cm，縱帆有 18 張、橫帆有 18 張。

現在仍很活躍的帆船——日本練習船「日本丸」、「海王丸」

以煤炭為燃料，產生蒸汽動力的蒸汽船登場後，帆船就逐漸式微，但現代仍有以風力為主的帆船。

日本目前有兩艘讓船員學習航海技術的練習船，分別是「日本丸」與「海王丸」。現在使用的「日本丸」是第二代，也是聞名世界的高速帆船。雖然船上也搭載柴油引擎，可以在無風狀態下產生推力，但主要還是靠風力前進。

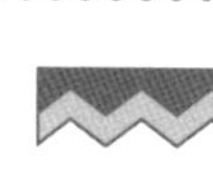

搭載乘客巡航的帆船——「皇家飛剪號」

帆船如今仍以載客船之姿航行世界。

其中規模最大的帆船是夏天航行於地中海、冬天巡航加勒比海的豪華客船「皇家飛剪號」，船身全長一百三十四公尺，五根桅桿的最高處高達五十四公尺，總共張著四十二張帆，是一艘十分漂亮的大型帆船。船上總共有一百一十四間客房，可以搭載兩百二十七名旅客，享受優雅的航海之旅。

▼全世界最大的帆船。

影像提供／ Royal Clipper（Meridian Japan）

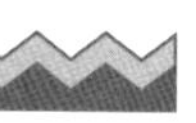

陽光、風與海是未來船船的動力來源？

使用風力能源 達成減少二氧化碳排放的目標

為了適應未來世界，人類正在思考建造利用天然能源的環保船。

日本商船三井與大島造船所主導的「風力挑戰者專案」，正在開發以風力為動力來源的新船。比起以石油為燃料的船，新船可以大幅減少二氧化碳排放。新船使用硬帆，可視天候狀況伸縮調整。

目前預計會在二〇二二年架設一張帆並開始營運。

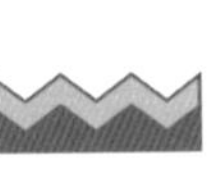

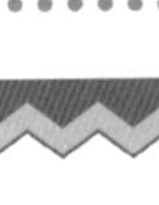

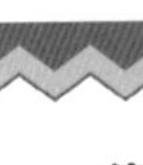

影像提供／株式會社商船三井

風力挑戰者專案

▲將來會在船上裝設多個風帆。

靠環保能源前進的「Race for water」

以消除海中所有塑膠垃圾為目的成立的海洋保護基金會，為了宣揚理念，特地建造一艘以環保能源為動力的船「Race for Water」行駛於大海之中。

這艘船除了從太陽能板獲取電力之外，也安裝了使用燃料電池製造電力的裝置，從汲取的海水中製造氫氣，為電池充電。不僅如此，還能揚帆，利用風力往前進。

▼高舉像飛行傘一樣的帆往前進。

影像提供／ R4W Photos Julien Girardot

陸上型小艇

Q 運送石油等液體的船叫什麼？①油輪 ②郵輪 ③遊輪

就好像浮在池塘上一樣。

等一下換我划。

A ① 油輪。整艘船是一個巨型油槽，為了避免發生漏油意外，船體還做成雙層構造。

Q 船也需要領航員。這是真的嗎？

A 真的。在港灣或難以操控船隻的海域中，領航員要負責帶領船長行駛，又稱為引水人。

※刷～

※咘咘

Q

現代的船也有煙囪。這是真的嗎？

A 真的。將引擎等各種排氣管統合在一起，英文是funnel，煙囪的意思。

又小又快的汽艇

不倚賴風力等自然力量，以引擎等機械作為動力來源的船，稱為動力船。

其中體積較小的船稱為汽艇。汽艇的型態很多，包括在橡膠艇安裝引擎的遊樂船，及比賽用的摩托賽艇，用途相當廣泛。

影像提供／Rennbootarchiv Schulze

▲競賽用的雙胴型汽艇。

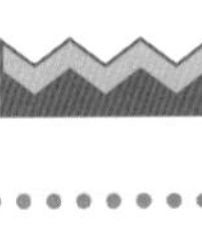

特別專欄

超高速比賽

日本十分風行「賽艇」運動，專業賽艇全長為 3 公尺、排氣量 400cc，由相同規格的賽艇一起競賽。最高時速約達 80 公里。

▲賽艇迴轉，激起強烈的水花。

影像提供／JLC

水中也有帶翅膀的船？

在水中張開雙手划水就會發現比在空中划動雙手還費力，這是因為水的阻力比空氣大。

若想提高船的速度，就必須解決阻力造成的問題。

正因如此，有人想出水翼船的點子，在船身裝上像飛機機翼的水翼，使船體浮在水面上，減少水阻力。

日本常使用的水翼船，是時速高達八十公里的超高速船。

透過電腦控制水翼，可以避免船體搖晃，乘坐起來更加舒適，還能減少暈船的情形。

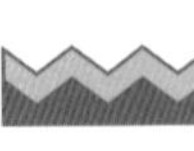

▼東海汽船的七島結，是日本國內相隔 25 年全新打造的水翼船。

影像提供／東海汽船株式會社

讓船前進的推動方式

現代動力船的推動方式大致可以分成兩種，多數船隻使用的是以螺旋槳推動的方法。

另一個推動方式則是水刀。利用泵浦汲水，再以高壓方式將水噴射出來，藉此將船往前推進。雖然一般常見的是螺旋槳推動法，但水刀可以高速行駛，因此會依實際需求使用。

影像提供／東海汽船株式會社　影像提供／US gov

水刀

▲利用水的噴射往前進的水翼船。

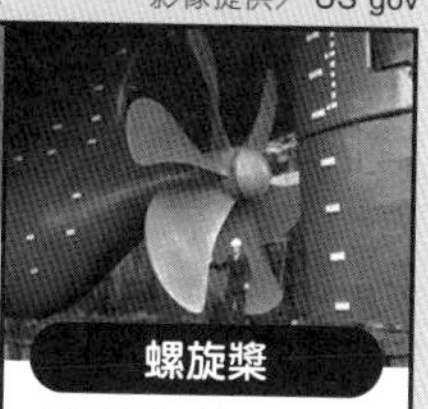

螺旋槳

▲巨型船的螺旋槳。

特別事欄

超危險的快速船

1978 年，澳洲人肯・沃比駕駛搭載戰鬥機引擎的「澳洲精神號」，創下平均時速 511 公里的紀錄，這是史上最快的船速紀錄。

由於最快船速紀錄的挑戰過於危險，因此已經超過 40 年沒人能打破。

啟動船舶的超強動力方式

柴油引擎是現代船舶最常使用的動力方式，不僅省油，馬力也大，有些大型船舶的引擎甚至可以超過十萬馬力。此外，還有作用機制與噴射引擎十分接近的燃氣渦輪發動機，以及大多數客船使用的電力推進方式。

過去船隻都以重油為燃料，現在逐漸替換成環境友善的LNG（液化天然氣）燃料。最新的環保船不僅在船體外型下工夫，也計畫利用太陽能和氫氣燃料等環保能源，實現二氧化碳零排放的目標。

▼以二氧化碳零排放為目標的 NYK Super Eco Ship 2050。

影像提供／日本郵船株式會社

大型貨船支援大眾的生活

可以搭載超過兩萬個貨櫃的巨型貨櫃船

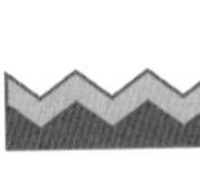
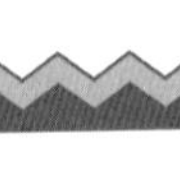

從古代到現代，船舶最大的特色從未改變，那就是可以大量運送重物。

現代船舶因應使用目的都有專用船隻，貨櫃船是載運符合國際規格的貨櫃專用船。

影像提供／Ocean Network Express Japan

▲可以載運許多貨櫃。

特別專欄

海上運輸

日本與台灣都是被大海圍繞的島國，與外國交流必須渡海。現在大多數人都是坐飛機長途移動，但進出口貨物有99.6%仰賴船舶的運輸能力，海運依舊是最大宗。

貨櫃有好幾種，以最常使用的二十呎貨櫃為例，長度為六千零五十八毫米、寬度為兩千四百三十八毫米、高度為兩千五百九十一毫米，對於尺寸的規定相當嚴格。

最大的貨櫃船可以載運超過兩萬個二十呎貨櫃，超強的載運能力令人驚歎。

目前使用中的船舶，最大的是貨櫃船，全長達四百公尺，已列入金氏世界紀錄。

特別專欄

沉重的船浮在海上的原因

以鋼鐵製造的船舶十分沉重，卻可以浮在水面上，都是因為水有浮力的關係。我們進入游泳池會有身體浮起來的感覺，也是因為浮力的作用。

浮力的大小取決於水中物體的大小，物體對於水施加重量，就會承受相同的浮力。舉例來說，一公斤的鐵塊會沉入水中，但若將一公斤鐵塊展開，做成比一公升（一公斤）牛奶盒還大的船，就不會沉沒。

一艘大型船舶重達幾萬噸，為了方便載運貨品與人，內部是空的，因此，船隻載了多少貨物，就會承受相同重量的浮力。

可一次載運數千輛汽車的汽車專用運輸船

影像提供／日本郵船株式會社

▲目前最新的汽車專用運輸船逐步更換成 LNG 燃料。

汽車專用運輸船是因應進出口需求，用來運送大量汽車的船舶。

船的內部就像是好幾層的汽車停車場，可以將汽車一輛輛運進去停。最大的汽車專用運輸船全長約兩百公尺、寬三十八公尺、總噸數達七萬四千噸，一次可以運載大約八千輛車。

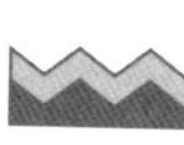

特別專欄　運送船的船

重載船是用來運送特別大或特別重的物品的船，可以同時積載好幾艘空船。

影像提供／ kees torn

運送天然氣的液化天然氣載運船（LNG船）

將天然氣急速冷凍至攝氏負一百六十二度時，就會轉變成體積只有六百分之一的液體，稱為液化天然氣。液化天然氣的運載量比天然氣高出許多，為了運送液化天然氣，專用載運船內部以保冷材料隔熱，建造出保冷性極佳的天然氣儲存槽。儘管設置了萬全設施，液化天然氣還是會氣化外洩，這些外洩氣體就拿來當作船的燃料，完全不浪費。

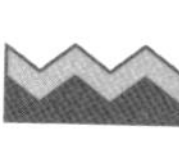

特別專欄　世界最大的船？

2013 年，全長 488 公尺，史上最大的船體下水了。雖然很想說是史上最大的船，但這艘船體沒有推進裝置。其實這艘船體是搭載天然氣液化裝置的海上設施，以其他船隻牽引，在澳洲外海使用。

▼船內設有大型天然氣儲存槽的 LNG 船的構造。

影像提供／川崎重工業株式會社

在海上行走的巨型飯店 豪華郵輪

在所有交通工具中，郵輪是特別豪華的一種，也因為船上有各種設施，所以又稱為豪華郵輪。

最大的豪華郵輪相當於在水上建造超過二十棟二十層高樓，大約五千四百名乘客與兩千四百名左右的船組員，一同在船上度過整段旅程。船上總計有八千人左右，相當於一個小鎮的人口，可以說是在海上行走的一座城市。

船內設備也很驚人，在海上航行期間可以自由使用網路，還有超過二十間咖啡廳和餐廳，可以吃到全世界的料理，甚至還可以有好幾座購物中心、電影院和劇場等設施。還能夠從事游泳、抱石攀岩等運動，有些甚至還有種著樹木的天然公園和小型遊樂園。

看到如此豪華的設備，真想搭乘豪華郵輪環遊世界！

特別專欄

巴拿馬運河

連結太平洋和大西洋的巴拿馬運河，每年都有一萬數千艘船經過，可說是海上物流的生命線。如果不經過這裡，貨運船就要繞遠路，多花好幾十天的路程。隨著海上運輸增加和船舶大型化，巴拿馬運河進行拓寬，2016 年之後，全長 366m、全寬 49m 的大型船也能航行。

豪華郵輪圖解

游泳池和運動區
兒童安心遊樂區
兒童專用游泳池
種植 2 萬株植物的公園
成人專用游泳池
遊樂園區
大型餐廳
商店林立的主要大街
滑板場
劇場
休閒娛樂區

總噸數：23 萬噸
全長：約 360m
全寬：約 65m
從水面算起的高度：約 65m

影像提供／皇家加勒比國際郵輪

影像提供／日本海洋研究開發機構（JAMSTEC/IODP）

▲設置於中央的鐵架塔相當於 30 層大樓的高度。

解開大海和地球之謎
海洋調查船大活躍

船的作用不只是運送人和物品。

世界各地的大海有各種調查船前往各地區，從事各種只能在海上做的科學調查，包括在海上觀測氣象的氣象觀測船、研究海流等海洋特徵與海洋生物的海洋研究船、調查甲烷水合物與錳殼等海底資源和地質的海洋調查船等。

在這些調查船中，有一艘外型奇特的地球深層探勘船「地球號」。全長兩百一十公尺、寬三十八公尺的船體中央，有一個從船底興建、高度約一百三十公尺的鐵架塔。這艘船想要達成的目標是深入挖掘海底，詳細調查海底大地震起源的詳細狀況，前往過去人類無法抵達的地函，採集地球內部的地質樣本。簡單來說，是一艘挖掘海底的調查船。

為了達成目標，地球號搭載了可挖掘至海底最深七千公尺的鑽井隔水導管系統。這套系統可以在深入挖掘時保護周遭環境，成功挖掘至海底下三千兩百六十二點五公尺處，達成科學挖掘的世界最深紀錄。

各位可能會覺得，如果要挖掘地面，為什麼不挖掘陸地的就好。事實上，大陸與海洋的地殼（地球表面）厚度有很大的差異。大陸地殼的厚度達數十公里，海洋地殼則只有幾公里而已。若要挖掘位於地殼下方的地函，即使技術難度很高，在海上很有機會挑戰成功。

▼大陸和海洋的地殼厚度截然不同。

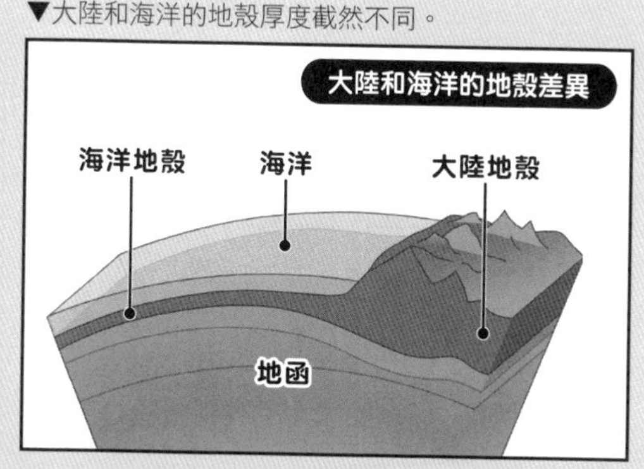

像這種簡單的樣式啦！
現在靠在海岸邊，我們現在就要去搭船。
我想搭！
可以啊！靜香要搭我會非常歡迎喔！
我也要搭。
喔，好啊！
我也要。
不行！
我爸爸負責開船，只能再搭三個人。

搭潛水艇航向大海

快點喔！
我先去跟媽媽說一聲。

Q 有一種船既不是普通的船，也不是潛水艇，船身只有一半潛在海裡。這是真的嗎？

每次我被人欺負，你就會幫助我……哆啦A夢，你真是個好人。

這是理所當然的啊，因為我們是好朋友，你等一下我拿出潛水艇。

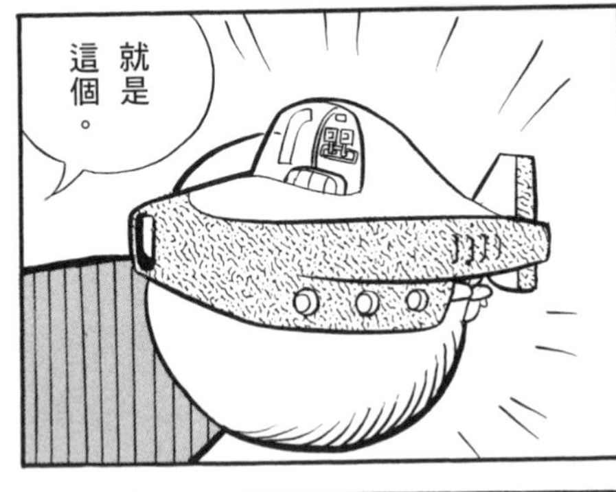

A 真的。這種船稱為半潛艇，通常用來運送重物，或當起重機船使用。

ムクムク
※膨脹、膨脹

只要放到水裡，它就會配合放置場所的大小，膨脹或是縮小……

上來吧！

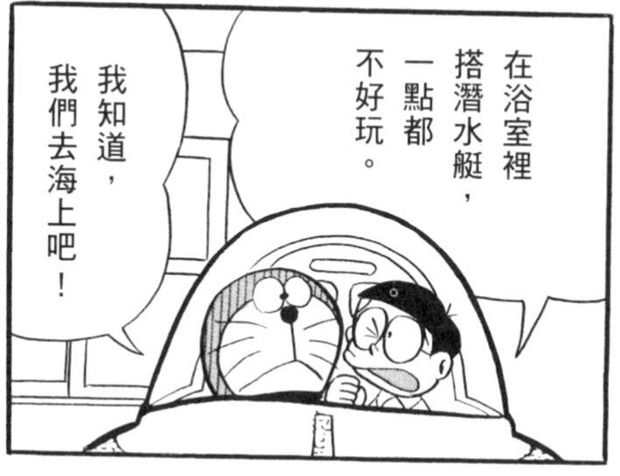

在浴室裡搭潛水艇，一點都不好玩。
我知道，我們去海上吧！

Q 深海指的是水深幾公尺以上？①一百公尺 ②兩百公尺 ③一千公尺

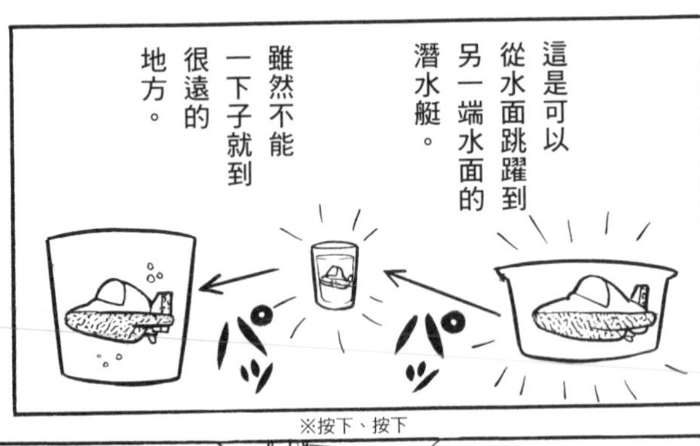

※按下、按下

※按下

※消失

※啪

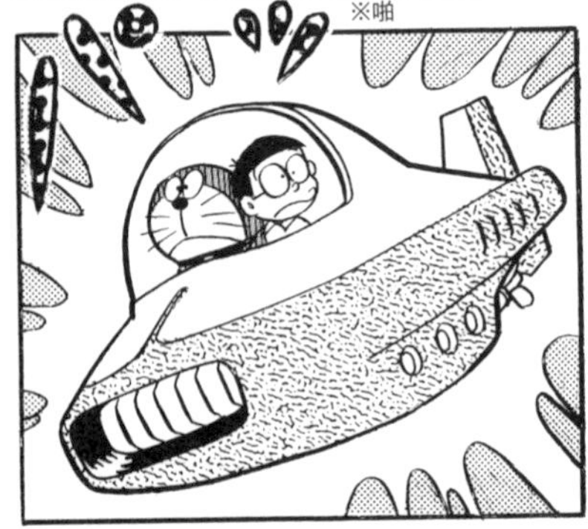

A ②兩百公尺。水深兩百公尺處的陽光只有海面的百分之零點一左右，是一片漆黑的世界。地球的海洋有九成五為深海。

Q 世界最大的潛艦大概有多大？①約一百五十公尺 ②約一百七十五公尺 ③約兩百公尺

※轟轟轟轟

※咳咳

※咳咳

A

②約一百七十五公尺。俄羅斯的阿庫拉級潛艇是全世界最大的潛艦，全長大約一百七十三公尺。

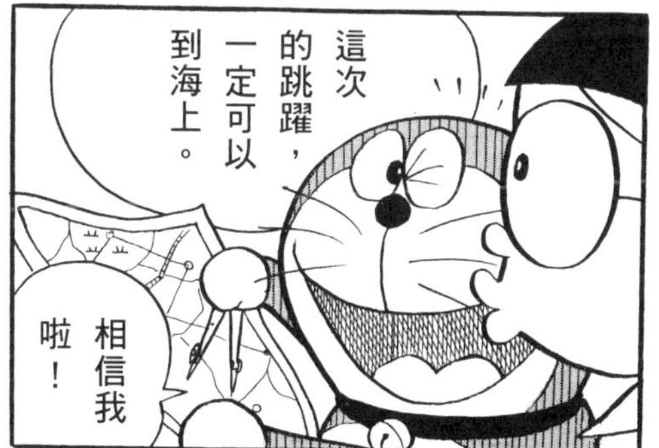

熱死人了!!
怎麼覺得好熱喔！
快要燙傷了，救命啊!!

※咻～噠噠噠噠

很帥吧！是我讓你們搭我家的汽艇喔！
你一直在重複同樣的話。

哈哈，太愉快了！好像有點渴。

熱死人了。

要不要喝點熱茶啊？

在海底前進的潛水艇是什麼樣的船？

行動更自由、潛入深度更深 潛水艇的歷史與進化

一般來說，可以在水裡自由移動的船之中，海軍使用的大型船艦稱為潛艦，小型或民間使用的則稱為潛水艇。第一艘實用潛水艇是一七七五年美國人大衛・布希內爾發明的海龜號潛水艇。

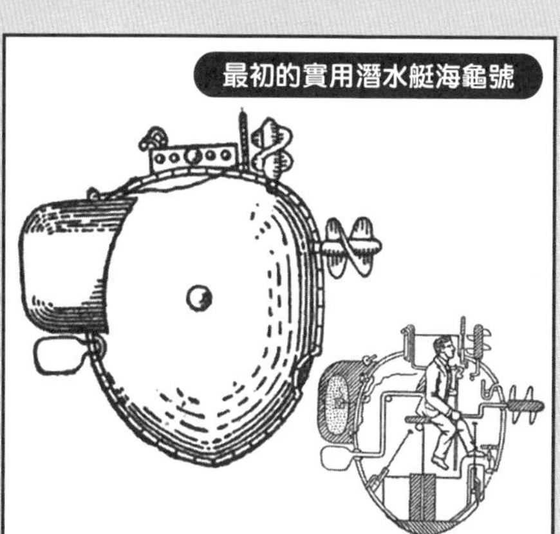

▲潛水時間可達30分鐘。

高約兩公尺、直徑約一公尺的海龜號潛水艇為木頭製，外型如水桶，由於看起來很像海龜，因此得名。海龜號只能容納一人，利用安裝在前方和上方的把手轉動螺旋槳，以人力的方式讓潛水艇往前進。開發當時的作戰計畫是以海龜號在水中偷偷靠近後，在占領港口的船艦底部安裝炸彈。

海龜號登場的大約一百年後，動力潛艦登場，潛艦的形狀從海龜變成細長的鯨魚。剛開始只能潛幾公尺，行進速度也很慢，但在二十世紀前半的世界大戰期間，潛艦有了長足發展。現代潛艦可以潛入數百公尺深的海底，在水中自由移動。

特別專欄

日本戰國時代也有潛水艇？

日本從很久以前就一直夢想著製造出潛水艇這樣的船隻。

相傳是戰國時代在瀨戶內海肆虐的村上海盜留下來的古文獻裡，描述著龍宮船潛水艇的構想。龍宮船的前後有兩個龍頭，還有像甲殼一樣的屋頂，雖然無法在水裡前進，但或許可以在水中載浮載沉。

靜靜藏在海底的海中忍者「潛艦」

靠引擎與電池安靜前行的柴油動力潛艦

為了在水裡祕密行動，潛艦具備的重要功能幾乎都不公開。

影像提供／日本海上自衛隊官網

浮出水面航行的潛艦

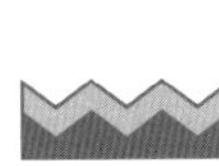

特別專欄

潛艦生活很辛苦？

潛艦通常要潛入海裡好幾週的時間，所有人要在陽光照不到沒日沒夜的環境中生活，因此，潛艦人員需要具備比其他船員更特殊的適應性。潛艦裡每個人的生活空間都很狹窄，超過 60 名乘組員沒有自己的房間，唯一的私人空間是自己的床。不過，潛艦上的食物很特別，也很好吃。

柴油動力潛艦配備柴油引擎與電池，主要的動力和水上船艦一樣是柴油引擎，必須浮在水面上才能使用。潛艦浮在水上航行期間，電池就會進行充電，潛水時只使用電池動力。最新型的潛艦採用高性能鋰電池，延長了潛水時間與距離。位於船尾的方向舵過去是使用十字型，現代的新潛艦則都是採用X字型。雖然只是一個小小的改變，卻能提升大約三成的迴旋性能。

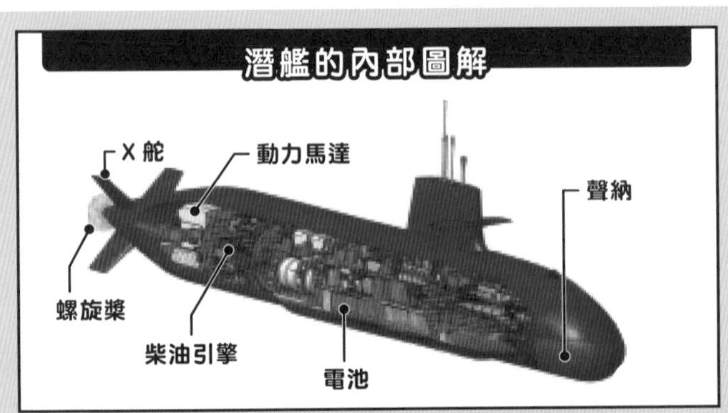

※圖為蒼龍級 AIP 系統潛艦

影像提供／擷取自日本防衛省官網的圖片加工製成

透過聲音探索海底世界的聲納系統

光與電波都無法在水裡傳遞很遠的距離，使用電波的通訊技術與雷達，完全無法在水底使用。不過，聲音在水裡能以比在空氣中快好幾倍的速度傳遞至數公里、甚至數十公里遠的地方。因此，若要探索海底世界，必須使用以音波觀測周遭環境的聲納系統。聲納系統有兩種，分別是讀取周遭聲音的被動式聲納，以及發射音波並接收其迴聲的主動式聲納。

影像提供／Tuukritööde OÜ

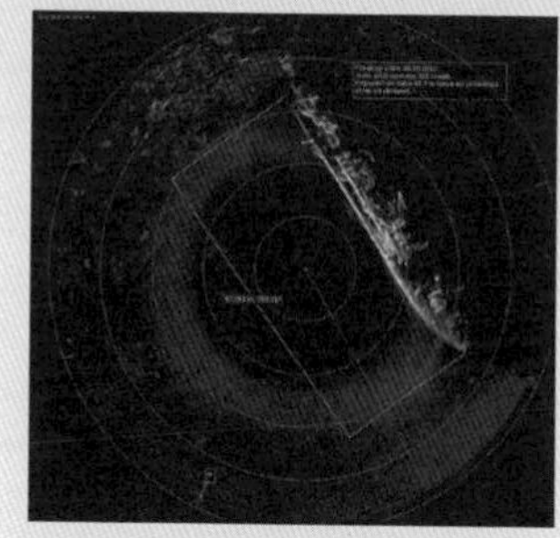

▲將聲納觀測轉換成可視圖片，可確認沉至海底的船隻。

特別專欄　科幻電影中的潛艦

可在水中自由活動的潛艦，自古就出現在許多神話和民間故事之中。法國科幻小說家儒勒・凡爾納的代表作《海底兩萬里》，描寫鸚鵡螺號潛水艇在海中冒險的故事。據說他是在1867 年的巴黎世界博覽會看到潛水員號的模型獲得靈感，才寫出這本小說。

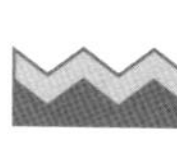

可以好幾個月潛伏海底的核動力潛艦

核動力潛艦搭載核子反應爐做為動力來源。不使用空氣發電，電力豐沛且前進速度快，因此只要還有燃料，可以潛入海底長達好幾年，無須浮上水面。不過，因為供應艦上人員的食物有限，實際潛在海裡的時間只能夠數個月而已。

▶核動力潛艦（示意圖）

特別專欄　潛艦為什麼可以浮出水面與潛入海底？

潛艦也是船，可以浮在水面上航行。

潛水時必須將海水灌入艦內的水櫃，讓船艦下沉，只要巧妙調整船身重量與浮力的平衡，就能潛入想要的深度。

當水櫃灌滿水，感覺很難浮上水面。不過無須擔心，只要用儲存在艦內的壓縮氣體，將水櫃內的海水排出，增加浮力，就能讓船艦浮起來。

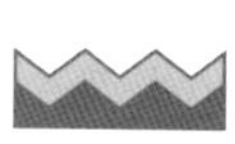

載人潛水調查船「深海 6500」

影像提供／日本海洋研究開發機構（JAMSTEC）

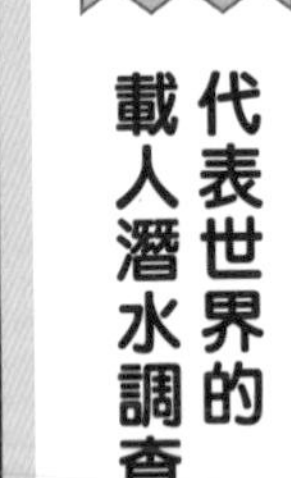

代表世界的載人潛水調查船

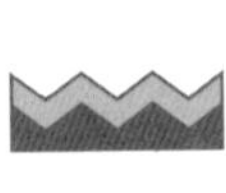

日本的潛水調查船「深海 6500」是世界上少數幾艘可安全潛入六千五百公尺深海調查周遭環境的載人潛水調查船。船身全長九點七公尺、寬二點八公尺、高四點一公尺，大小和五十人座的大型觀光巴士差不多，包括駕駛和研究者在內，船上只有三個人。乘組員平時待在內徑只有兩公尺左右、鈦合金製造的球形耐壓殼裡，在水深六千五百公尺處，可以輕鬆承受每一平方公分六百八十公斤的水壓。所有的操控與通訊裝置，還有調查儀器的控制台都在這裡。不過沒有椅子和廁所，乘組員必須坐或躺在墊子上，度過常規潛航的八小時。

「深海 6500」在海裡移動的最大時速約為五公里，潛水和浮上速度約為時速二點七公里，往返六千五百公尺需花五小時。待在調查地點的數小時內，可迅速完成調查工作，帶回珍貴的深海樣本。

影像提供／日本海洋研究開發機構（JAMSTEC）

影像提供／日本海洋研究開發機構（JAMSTEC）

經過不斷改良，操作更簡便、性能更高

「深海 6500」建造完成至今已超過三十年，經過不斷改良，增加了許多最新功能。在二〇一六年度的改良中，為了符合單人駕駛目標，變更了耐壓殼內的機器配置，也替換了最新機器，大幅改善研究者的觀察環境。

特別專欄

導演卡麥隆乘坐的深海挑戰者號

加拿大導演詹姆斯・卡麥隆是全世界第一位抵達全球最深的馬里亞納海溝最深處的探險家。他駕駛的是為了達成這項挑戰而建造的單人潛艇「深海挑戰者號」。完成任務後，他對這次獨自潛入全世界最深處的體驗發表感想：「我感覺自己完全與人類世界隔絕，好像一天之內來回另一個星球。」

深海潛水調查船支援母船「橫須賀號」

「橫須賀號」是一艘專為「深海 6500」特別打造的母船，設置特別吊臂與水中通話機等設備，可在寬敞的機庫升級「深海 6500」，安裝相關的調查機器。還有可以調查海流與海底地形的裝置，在海底採集樣本後，能立刻在研究室進行分析，可說是功能齊全的海上研究中心。

特別專欄

無人潛水機與水中無人機也很活躍

目前正在開發無人探查機，可以實現在廣闊大海高效探查的目標。在「橫須賀號」上執行任務的「浦島」是一艘自律型深海探查機器人，可自行判斷與調查 100 公里以上的距離。

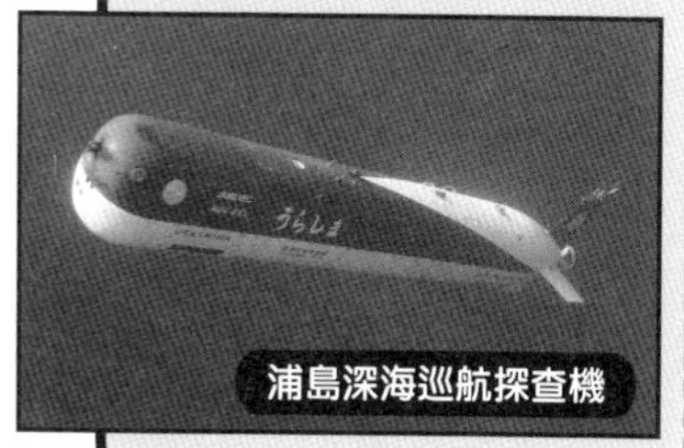

浦島深海巡航探查機

影像提供／日本海洋研究開發機構（JAMSTEC）

支援母船橫須賀號

影像提供／日本海洋研究開發機構（JAMSTEC）

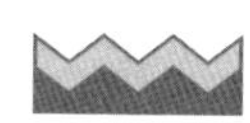

飛天快遞標籤

那是什麼？

是快遞標籤喔。

「飛天快遞標籤」。

收件人姓名是鄉下的奶奶。

綁起來。

※旋轉

ブルン

※旋轉

ブルーン

飛起來了!?

奇怪？包裹呢？

用這種奇怪的方法怎麼可能送到對方手上呢？

電話響了。

哎呀，是鄉下的奶奶啊。

Q 改變交通與移動機制的「智慧移動」系統雖然很方便，但在經濟面沒有好處。這是真的嗎？

A 假的。只要能減少交通擁塞，讓人安全順利的移動到自己想去的地方，就能節省油錢和支出，有助於活化地方。

原來綁上標籤就能飛行啊。
大雄真聰明呢！
可以直接飛到雙子山。

已經到囉～
各位盡情玩耍吧。

也差不多該回家了。
哆啦A夢，標籤拿來。

標籤用完你要早點說啊。

我不是說過不要亂用嗎？

這下得走路回家了。

大雄，你這笨蛋！

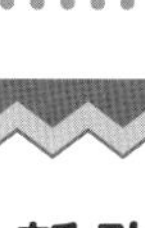

改變城市生活的新交通與運輸系統

不須人力的無人運貨技術

如漫畫中的「飛天快遞標籤」那樣利用無人機運送貨物的「飛天無人運輸系統」，有助於節省將少量貨物從派送地點配送至一般家庭或辦公室的人力，是目前最受矚目的新方法。若能利用無人機建立無人運輸系統，就無須擔心因交通擁塞而延遲送貨，還能順利將物品送到離島或偏遠山區。另一個備受期待的新方法，是利用機器人運送少量貨品。目前已經開發出送貨機器人能利用自動駕駛功能，自動避開障礙物，並可發出警示聲，通知周遭注意安全，目前正在進行實際的運作實驗。

影像提供／株式會社 ZMP

▼日本郵政執行無人宅配機器人「DeliRo」的道路行走實證試驗。

改善交通環境的新都市交通系統

為了解決道路壅塞，維持交通順暢，都市交通系統產生了新的變化，「停車轉乘」就是其中之一。將自用車停在城市周邊的停車場，再轉乘火車或公車等公共運輸，就能減少在市中心行駛的車輛。另一方面，以膠輪為驅動輪的鐵道型軌道運輸系統和單軌電車，則是企圖取代公車與火車的新交通系統範例。

▼英國牛津市的「停車轉乘」用巴士已經成為世界各國的範本。

次世代移動服務打造新市鎮

支援智慧移動服務的新技術

利用網路與自動駕駛等新科技，建置更有效率、安全且舒適的交通移動系統的機制稱為「智慧移動服務」。改善交通擁塞與排氣汙染是都市地區面臨的重大課題。鄉村地區受到人口外流影響，公共運輸逐漸式微，人口老化後的代步方式也是亟待解決的問題。智慧移動系統的目標就是解決上述交通課題，活化城市與地區。「交通行動服務」（MaaS, Mobility as a Service）是目前最受矚目的一種解決方案。活用IT技術，將各種運輸系統統整在單一服務裡，讓民眾的交通生活更加便利。

插圖／佐藤諭

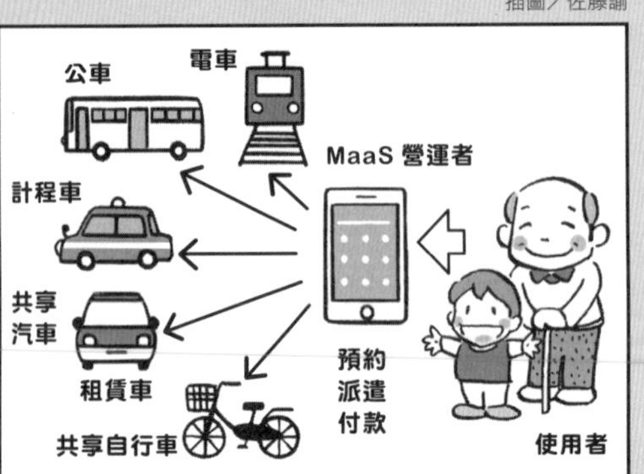

▲「MaaS」是透過資通訊技術整合交通工具，方便民眾使用的系統。

▲設置在高輪Gateway站的「BotFriends Vision」是AI嚮導機器人。

影像提供／凸版印刷株式會社

特別專欄 Woven City

日本的汽車製造商豐田汽車（Toyota）利用公司關閉的東富士工廠（靜岡縣裾野市）舊址，打造智慧城市實驗都市「Woven city」，將人類日常生活所需的物品和服務通通結合在一起。導入自動駕駛技術、運輸行動服務、個人用運輸載具、機器人技術、智慧家庭技術、AI（人工智慧）等各種最先進技術，在2000位居民的實際生活中，持續進行技術開發，創造出全新價值與商業模式。

交通服務改變了生活

以往的交通營運機構各自營運著電車、公車、計程車等代步工具，民眾搭乘時也支付給各別的營運公司。若真能實現「MaaS（交通行動服務）」，就能利用ICT（資通訊技術）與AI（人工智慧），將上述交通服務統整在一起，指引抵達目的地的最快路徑，預約購票和支付車費也在同一套系統裡完成。不僅如此，進一步蒐集與分析交通數據，就能避開塞車路線，讓人更有效率的前往想去的地方。

影像提供／日本福島縣磐城市

▲磐城市的小型電動低速車「toy box」。

近幾年來日本各地都在嘗試「智慧移動系統」，靈活運用最新技術。

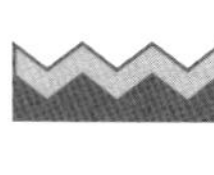

福島縣磐城市推動的「小型電動低速車次世代交通系統實驗」就是其中之一。讓時速不到二十公里、可搭乘四人以上的公共交通工具呼拉城市車（Hula City Vehicle）「toy box」在公路上行駛，以提升市民的交通便利性並活化地區。「toy box」是預約制的需求型交通工具，用來取代在固定時間行駛固定路線的既有代步工具。使用者可透過智慧型手機預約搭車，司機則配合預約狀況，行駛最適當的路線。而且，車內還顯示讓生活更便利的地區資訊。不僅如此，有些鄉鎮利用自動駕駛技術，讓公車在人口外流地區維持營運。

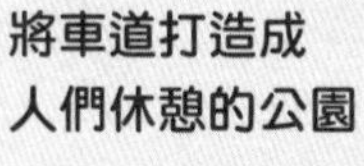

特別專欄

將車道打造成人們休憩的公園

隨著新型態的交通系統陸續登場，交通系統的基礎，也就是道路的使用方法也產生了變化。

車道原本就是給汽車通行的設施，但有些地方已經開始將車道轉化為提供人們休憩的「小公園」。在部分車道放置長椅、擺放花盆，營造出讓人們休憩飲食的舒適空間。

相關計畫已在歐美國家陸續推動，日本也在神戶的三宮以及橫濱的元町執行。雖然只是一個小小的空間，卻成為呼朋引伴、為城市注入活力的嶄新空間，對提高地區價值貢獻良多。

後記

最希望像哆啦A夢戴上竹蜻蜓，一個人在空中自由翱翔

宇宙航空研究開發機構（JAXA）名譽教授、濱銀兒童宇宙科學館館長　的川泰宣

國際宇宙教育會議的日本代表，畢生致力於開發各種科學衛星。在一九八〇年代，是哈雷彗星探查計畫的核心成員。二〇〇五年就任JAXA宇宙教育中心首任中心長，被譽為是日本的宇宙活動「說書人」，以及「宇宙教育之父」。

根據研究，人類祖先是距今七百萬年前在非洲大陸從初期猿人進化成「人」。受到氣候變化的影響，在大約一百八十萬年前離開非洲大陸，遷移至歐洲大陸。之後各自在落腳的地方適應當地環境，逐漸進化，接著又經由亞洲、白令海峽，來到南美大陸的南端。

當時的人類只能用自己的雙腳移動，渡海可說是一件極為困難的事情。因此，人類第一個發明出

來的交通工具就是船。後來人類豢養了家畜，開始騎駱駝或馬，不過，將牠們視為「交通工具」太過失禮，再說牠們也不是人類發明出來的。除了在嚴寒地帶使用的「雪橇」之外，與交通工具有關的第一個偉大發明就是「汽車」。

發明的契機是先有人製造出「內燃機」，將燃燒東西時產生的「熱」當成動力來源，與車子結合後，發明出火車與汽車等，可以在陸地上高速移動的交通工具。

儘管如此，人類從未放棄自古萌生的夢想，也就是「在天空飛翔」。人類從小看著在天空自由飛翔的小鳥，一開始還嘗試像小鳥一樣展翅高飛。值得一提的是德國的奧托・李林塔爾，他花了二十年的時間研究帶著翅膀飛行的方法。他從一八九一年與弟弟古斯塔夫一起設計滑翔機，進行超過兩千次實驗，成功證實比空氣重的物體可以飛起來。

滑翔機先驅喬治・凱萊想的點子並不是像鳥一樣展翅高飛，而是像部分昆蟲的生理機制，將翅膀固定起來，利用內燃機加速。後來有科學家想出利用實用化內燃機加速，可以產生升力的原理，喬治・凱萊的想法讓科學家的假設得以實現。無數先進的努力創造出的成果，讓萊特兄弟成功在二十世紀完成人類首次的動力飛行。

交通工具串起了身在遠方的人們，加快人類和貨物往來的速度，讓世界各地的人們工作起來更有效率。自從在空中飛翔的飛機發明之後，飛機技術的發展日新月異，如今可以搭載好幾百人與許多貨物的大型飛機，已在世界各地的天空頻繁飛行。遙想古老的年代，剛演化出來的人類還在用雙腳，花幾十萬年才能走到的距離，到了我們這個時代，只要坐飛機就能在一天之內輕鬆移動。

交通工具不只是陸上與空中，就連航行於海上的船，也發展出驚人的技術。一直以來，人類投注大量心力潛入海中，現在已經能下潛至數千公尺的海底。探索海底不只是探查人類生活所需的資源，也是為了證實地球生命的誕生是否與「海底熱泉」

有關，在科學探索這個層面也備受注目。為了達成目標，必須開發出可以抵達探查現場的交通工具。

回顧地球的歷史，距今四億到三億年前，海中生物第一次到陸地生活，這也是生物在地球上繁衍的重大契機。飛機讓人類離開陸地這項演變，與生物上陸生活具有同樣重要的劃時代意義。交通工具的發展也促成了飛上外太空的新革命。

火箭技術發明在距今一千多年前，最初人類只將它運用在戰爭武器上，後來才發現火箭技術可以用來上太空，人類終於在二十世紀中期成功進入太空。不只是從地球看見的遙遠太空，現在已經有太空探測器可以抵達星際空間，跳脫太陽系，前往更遠的地方執行任務。

自從一九五七年第一顆人造衛星史普尼克一號發射升空以來，送上軌道的衛星與太空探測器已經超過八千個，包括企圖解開宇宙謎團的科學衛星、太空探測器，或是強化氣象預報準確度的氣象衛星、連結全球資訊的通訊和廣播衛星、汽車導航、航空器與船舶常用的定位系統導航衛星、解決地球暖化等重大課題的地球觀測衛星等，執行著與我們生活密切相關的重要任務。

包括完成使命的火箭，人類還開發出往來於外太空與地球的太空梭等交通工具，將許多太空人送上返回地球的軌道。已經有人成功登上月球，並且平安返回地球。目前只有太空人才可以上太空，但沒有受過專業訓練的普通人也能在地球軌道上，眺望地球和宇宙的時代即將到來。

經過了發明飛機到上太空的二十世紀，我們生活的二十一世紀，已經成為人類活動擴及外太空的時代。

我一直在想，人們最希望的就是像哆啦A夢戴上竹蜻蜓那樣，一個人自由自在的在空中翱翔。我從小就如此夢想著。衷心希望各位可以開發出相關技術，不過，要實現這一點，必須擁有跳脫既有常識、天馬行空的創意才行。請各位多多努力。

想進一步了解交通工具
千萬不要錯過！

精選日本博物館

濱銀兒童宇宙科學館

相關資訊

地址 〒235-0045 神奈川縣橫濱市磯子區洋光台 5-2-1
電話號碼 045-832-1166
營業時間 9:30 ～ 17:00 ※ 最後入館時間為 16:00
休館日 每月第 1、3 個週二／新年／臨時休館（※ 更換天象儀節目與檢修維護展示機器時）

這座體驗型科學館，整棟建築物從地下二樓到五樓是以巨型太空船為設計概念。每一層樓都有五大主題，參觀的民眾能夠透過親自觸摸與體驗，學習外太空和科學的神奇奧祕。此外，投影在直徑二十公尺圓頂的天象儀節目也深受民眾歡迎。

▲◀三樓的「宇宙訓練室」是可以體驗在月球表面跳躍與空間移動的裝置。

所澤航空發祥紀念館

相關資訊

地址 〒359-0042 埼玉縣所澤市並木 1-13
所澤航空紀念公園內
電話號碼 04-2996-2225
營業時間 9:30 ～ 17:00 ※ 最後入館時間為 16:00
※ 可能依實際情形變動，請先於官網確認再到場參觀。
休館日 每週一（若週一為國定假日則翌日休館）、新年（12 月 29 日～ 1 月 1 日）※ 如遇展館檢修維護等其他情形，也可能臨時休館。

由日本第一座機場改建成的博物館，展示了各式的飛機和直升機。可親自感受飛行員駕駛樂趣的模擬體驗是最受歡迎的設施。

航空科學博物館

相關資訊

地址 〒 289-1608 千葉縣山武郡芝山町岩山 111-3
電話號碼 0479-78-0557
營業時間 10:00 ～ 17:00 ※ 最後入館時間為 16:30
休館日 每週一（若週一為國定假日則翌日休館）、12 月 29 日～ 31 日過年 ※ 可能依實際情形變動

日本第一座航空博物館。展示品相當豐富，包括波音 747 使用的零件與各式航空器。還有實際作業、現場表演、駕駛模擬等體驗專區。

哆啦A夢科學任意門 22

交通工具未來號

●漫畫／藤子・F・不二雄
●原書名／ドラえもん科学ワールド——乗り物と交通
●日文版審訂／Fujiko Pro、野副晉（日本千葉市科學館）、濱銀兒童宇宙科學館、小賀野實（鐵道攝影師）、船之科學館、日本國立研究開發法人海洋研究開發機構（JAMSTEC）、原田昇（日本中央大學理工學部都市環境學科）（以上依刊載順序）
●日文版撰文／瀧田 YOSHIHIRO、甲谷保和、丹羽毅、榎本康子、保科政美、楓拓磨
●日文版撰文協助／目黑廣志　●日文版美術設計／ bi-rize
●日文版封面設計／有泉勝一（Timemachine）　●日文版編輯／菊池徹
●翻譯／游韻馨
●台灣版審訂／洪百賢

發行人／王榮文
出版發行／遠流出版事業股份有限公司
地址：104005 台北市中山北路一段 11 號 13 樓
電話：(02)2571-0297　傳真：(02)2571-0197　郵撥：0189456-1
著作權顧問／蕭雄淋律師

【參考文獻】
《藍色列車大圖鑑》（〈旅行與鐵道〉編輯部／天夢人）、《大集合！鐵道完美圖鑑 新幹線》（國土社編輯部／國土社）、《哆啦 A 夢不可思議的科學 Vol.1》（小學館）、《為什麼會飛？最新機體的祕密》（白鳥敬／誠文堂新光社）、《從現在開始 培養空中運動的興趣》（阿施光南／ IKAROS 出版）、《飛行機制大研究 滿滿巧思！從飛機到鳥、竹蜻蜓》（秋本俊二審訂／PHP 研究所）、《船的歷史事典袖珍版》（Attilio Cucari & Enzo Angelucci ／原書房）、《帆船導覽書》（今井科學株式會社／海文堂出版）。參考網站：磁浮中央新幹線官方網站（JR 東海）山梨縣立磁浮觀摩中心

2022 年 4 月 1 日 初版一刷　2024 年 4 月 1 日 二版一刷
定價／新台幣 350 元（缺頁或破損的書，請寄回更換）

ISBN 978-626-361-500-7
YLib 遠流博識網 http://www.ylib.com　E-mail:ylib@ylib.com

◎日本小學館正式授權台灣中文版
●發行所／台灣小學館股份有限公司
●總經理／齋藤滿
●產品經理／黃馨瑝
●責任編輯／李宗幸
●美術編輯／蘇彩金

國家圖書館出版品預行編目（CIP）資料

交通工具未來號 / 藤子・F・不二雄漫畫；日本小學館編輯撰文；
游韻馨翻譯 . -- 二版 -- 台北市：遠流出版事業股份有限公司，
2024.4
面；　公分 . --（哆啦 A 夢科學任意門；22）

譯自：ドラえもん探究ワールド：乗り物と交通
ISBN 978-626-361-500-7（平裝）

1.CST: 運輸工具 2.CST: 漫畫

447　113000965

※ 本書為 2021 年日本小學館出版的《乗り物と交通》台灣中文版，在台灣經重新審閱、編輯後發行，因此少部分內容與日文版不同，特此聲明。